U0208900

邵永丰麻饼制作技艺

邵永丰麻饼制作技艺

总主编 陈广胜

浙江省非物质文化遗产代表作丛书

浙江古籍出版社

徐成正 陈顺水 编著

前 言

浙江省文化广电和旅游厅党组书记、厅长 *陈广胜*

中华文明在五千多年的历史长河里创造了辉煌灿烂的文化成就。多彩非遗薪火相传，是中华文明连续性、创新性、统一性、包容性、和平性的生动见证，是中华民族血脉相连、命运与共、绵延繁盛的活态展示。

浙江历史悠久、文明昌盛，勤劳智慧的人民在这块热土创造、积淀和传承了大量的非物质文化遗产。昆曲、越剧、中国蚕桑丝织技艺、龙泉青瓷烧制技艺、海宁皮影戏等，这些具有鲜明浙江辨识度的传统文化元素，是中华文明的无价瑰宝，历经世代心口相传、赓续至今，展现着独特的魅力，是新时代传承发展优秀传统文化的源头活水，为延续历史文脉、坚定文化自信发挥了重要作用。

守护非遗，使之薪火相续、永葆活力，是时代赋予我们的文化使命。在全省非遗保护工作者的共同努力下，浙江先后有五批共 241 个项目列入国家级非遗代表性项目名录，位居全国第一。如何挖掘和释放非遗中蕴藏的文化魅力、精神力量，让大众了解非遗、热爱非遗，进而增进文化认同、涵养文化自信，在当前显得尤为重要。2007 年以来，我省就启动《浙江省非物质文化遗产代表作丛书》编纂出版工程，以"一项一册"为目标，全面记录每一项国家级非遗代表性项目的历史渊源、表现形式、艺术特征、传承脉络、典型作品、代表人物和保护现状，全方位展示非遗的文化内核和时代价值。目前，我们已先后出版四批次共217册丛书，为研究、传播、利用非遗提供了丰富详实的第一手文献资料，这是浙江又一重大文化研究成果，尤其是非物质文化遗产的集大成之作。

历时两年精心编纂，第五批丛书结集出版了。这套丛书系统记录了浙江24个国家级非遗代表性项目，其中不乏粗犷高亢的嵊泗渔歌，巧手妙构的象山竹根雕、温州发绣，修身健体的天台山易筋经，曲韵朴实的湖州三跳，匠心精制的邵永丰麻饼制作技艺、畲族彩带编织技艺，制剂惠民的桐君传统中药文化、朱丹溪中医药文化，还有感恩祈福的半山立夏习俗、梅源芒种开犁节等等，这些非遗项目贴近百姓、融入生活、接轨时代，成为传承弘扬优秀传统文化的重要力量。

在深入学习贯彻习近平文化思想、积极探索中华民族现代文明的当下，浙江的非遗保护工作，正在守正创新中勇毅前行。相信这套丛书能让更多读者遇见非遗中的中华美学和东方智慧，进一步激发广大群众热爱优秀传统文化的热情，增强保护文化遗产的自觉性，营造全社会关注、保护和传承文化遗产的良好氛围，不断推动非遗创造性转化、创新性发展，为建设高水平文化强省、打造新时代文化高地作出积极贡献。

目录

柯城位于衢州市的主城区，始建于东汉初平三年（192），是国家级历史文化名城。千年历史积淀了深厚的文化底蕴，无论是岿然不动的，还是悄然流动于我们生活中的多彩文化遗产，都镌刻着无数朴素劳动人民的坚韧与中华民族的自强。柯城位于金衢盆地西端，中部为浙江省最大的内陆盆地，地貌类型以山地丘陵为主，属亚热带季风气候区，全年四季分明、光热充足、降水丰沛、气温适中、无霜期长。境内农作物品种丰富，盛产水稻、大小麦、芝麻、花生、柑橘、大豆等，其中特别是芝麻、花生、柑橘皮（果料）为当地麻饼业提供了丰富的原料。

"邵永丰麻饼"创自清代，有一百多年的历史，它是古时"胡麻饼"的延续与演变。胡麻饼起源于汉代，盛行于隋唐，早在唐朝，由商人样学京都而传入衢州，鼎盛于清代。一百多年来，邵永丰麻饼制作技艺经过数代传人的不懈努力，得以传承和发展。邵永丰麻饼以其独特的传统制作工艺和双面上麻、白炭炉烘烤而闻名。唐代著名诗人白居易寓居衢州时曾诗咏麻饼："胡麻饼样学京都，面脆油香新出炉。寄与饥馋杨大使，尝看得似辅兴无。"此诗在衢州麻饼店业代代流传，麻饼制作在衢州大地流传数千年。

邵永丰麻饼以黑、白芝麻为主料，辅以面粉、饴糖、瓜子仁、果仁等制成，从食材处理到麻饼成品前后百余道工序，由麻饼师傅全部手工完成。具有选料考究、全程手工、双面上麻、吊炉烘烤、俗艺相融等特征，是衢州人生活中不可或缺的食品，广泛应用于节庆、婚、丧、寿、诞等场合。邵永丰麻饼制作技艺扎根于地方历史传统，其麻饼礼俗展现出基于儒家思想的孝道、礼仪及和谐文化，是中华优秀传统文化的重要组成部分，内蕴着积极的社会主义核心价值观。麻饼不仅是一种传统食品，更是一种承载着衢州人历史记忆和民俗文化的象征符号。邵永丰麻饼制作技艺，于2007年被列入浙江省第二批非物质文化遗产名录；2021年被列入第五批国家级非物质文化遗产代表性项目名录扩展项目名录。

邵永丰麻饼市场覆盖国内外，受众面广，先后获评"中国名饼""国饼经典"等荣誉称号。邵永丰成正食品有限公司荣获"浙江省非遗传承基地""浙江省非遗生产性保护基地"等称号，并建成麻饼制作手工技艺展示馆和传承学校、研学基地、中小学生社会实践基地等，带动数千地方百姓的创业和就业。邵永丰麻饼制作技艺的发展受到央视、人民日报等主流媒体关注和报道，影响越来越大。同时，通过带动农户、退伍军人参与芝麻种植业，带动大学生就业、创业和增收，促进农村脱贫致富，推动了乡村振兴。

百年品牌，传承发展。邵永丰作为浙江省农业龙头骨干企业、浙江省农业扶贫企业，主动承担社会责任，积极开展公益活动，服务地方经济发展，始终秉持"坚持守正是弘扬品牌的关键，坚持创新是弘扬品牌的动力，坚持品质是弘扬品牌的核心"。近年来，邵永丰产品研发立足新时代消费者需求，将传统融合创新，不断适应新时代消费习惯，满足消费者需求，赢得了市场认可。同时不断适应文旅融合新趋势，成为衢州市文旅行业的"领头羊"。

我们现将邵永丰麻饼制作技艺编撰成书，让更多的读者了解其独创的"吊炉炭烤""双面上麻"等绝技绝活，让更多的人能来品尝形如满月、色泽金黄、入口香甜、甜而不腻的传统美食，对于促进优秀传统文化传承传播，无疑大有裨益。

中共衢州市柯城区委常委、宣传部部长　施莹

2023年1月

一、概述

汉代丝绸之路的开辟，将西域胡麻、胡桃仁传入中原，从而诞生胡饼。衢州邵永丰麻饼的诞生与发展，及其制作方式与制作技艺，与丝绸之路文化传承密切相关，与古代胡饼有着密切的历史渊源。清光绪年间在衢州城诞生的邵永丰，历经百余年传承，如今的浙江邵永丰成正食品有限公司，已成为集食品生产和文化、旅游、农业、商贸为一体的大型综合性企业。

一、概述

饼，在古代汉语中，为"面食"之通称，而在现代汉语中，"饼"字一般指扁圆形的面制食品。据东汉刘熙《释名·释饮食》称："饼，并也，溲面使合并也。"

饼，面食当中最为普通常见的食物品种，属中式糕点一类食品，但从其制作发展史看，与其他科学技术文明史一样，可以从饮食文明史方面反映我国伟大的科技成就。

饼的制作材料，在古代大体分为"粟黍"与"小麦"。中国先期的面食饼子，基本上都是实心饼，自汉代出现胡饼后，开始有胡桃仁、芝麻等材料为馅的有馅饼。胡饼的产生，它不仅在味道上较以前的面饼有了较大改变，而且还成为丝绸之路上中西方文化交流的使者。

胡饼制作在衢州也有较长的历史，有记载的年代可追溯至唐代。历两宋、元、明之演变，至清代光绪年间，衢州城邵永丰生产的麻饼便是中国古代胡饼的延续与发展，并一直传承至今。某种意义上说，它是古丝绸之路在当代的一个活见证。又因其材料纯正和双面上麻、吊炉炭火烘烤等独特的手工制作工艺，以及象征团圆与吉祥的人文寓意而深受人们喜爱。

衢州邵永丰创立以来，承千余年胡麻饼制作技艺，历一百二十余年风雨历程，经数代传承人的不懈奋斗和创新发展，如今的"邵永丰"，已成为市场覆盖国内外，集食品生产和文化、旅游、农业、商贸为一体的大型综合性企业。2006年，"邵永丰"被商务部认定为"中华老字号"。2021年，邵永丰麻饼制作技艺被国务院列入第五批国家级非物质文化遗产代表性项目名录扩展项目名录。

邵永丰麻饼制作技艺在传承中不断创新发展，其麻饼的文化含量也不断被挖掘丰富，且从多个方面进一步融入当代人的生活之中，成为一款承载独特工艺价值、丰富文化内涵的地方特色食品，被誉为"中华名点"。

[壹] 中国古代胡（麻）饼之源流

衢州邵永丰麻饼的产生与发展，及其制作方式与制作技艺，与丝绸之路文化传承密切相关，与古代胡（麻）饼有着密切的历史渊源关系。因而，要阐述邵永丰麻饼及其制作技艺，有必要对我国古代胡（麻）饼的诞生过程及其传播路径作一简单的回顾。

面饼烙制，源于农耕文化时期。在中国，饼的制作有着相当久远的历史和传承，数千年前的农耕文化时期，就有先民用陶器烙制煎饼。文物考古资料表明，考古人员曾在河南省荥阳市青台仰韶文化（前5000—前3000年）遗址中发现一件陶鏊，面平无沿，三条腿。考古工作者认为，这种"鏊"的器皿原来是先民用来烙饼的，是烙烤面饼的一种陶制器具。

到了西周时期，面饼烙制逐渐渗透至多个领域。传说武王伐纣，商朝纣王派太师闻仲率兵抵御。闻仲为了行军打仗方便，又能节省时间，做了一款带甜味的实心面饼，作为军队行军的干粮。后来，人们为了纪念闻仲，以他官位命名这种饼为"太师饼"。之后，这种饼在民间广为流传。

汉代出现胡饼，被称是麻饼的源头。至汉代时，在中原地区出现了一种名"胡饼"的面食饼子。这种饼子的出现，较普遍认为与西汉

古代烙制面饼的器具复原（沈尔坤摄）

汉武帝派张骞出使西域有关,是从西域传入的一种食品。

张骞出使西域,开辟了从长安(今陕西西安),经甘肃、新疆,到中亚、西亚,并连接地中海各国的陆上通道,运输中国古代出产的丝绸,故被后人称为"丝绸之路"。在丝绸之路人员和货物频繁的往来中,也沟通了包括饮食文化在内的汉夷文化的交往,西域的胡麻(芝麻)、胡仁(核桃仁)通过丝绸之路传入中原。其时西域制饼艺人始以胡饼制作之法,传授中原之面饼人,从而出现以胡仁为馅并表面撒有芝麻的圆形饼。由于该饼的原料从西域胡人处引进,遂被称之为"胡饼"或"胡麻饼";又因为经过烘烤,故也称"胡麻烧饼"。

因丝绸之路的历史影响之大,所以在汉代文献中就有关于"胡饼"的记载。

至于胡饼的形状特征,《释名·释饮食》云:"胡饼,作之大漫沍也,亦言以胡麻着上也。"所谓"漫沍",毕沅《释名疏证》称"此(漫沍)当作蒴胡。案郑注《周礼·鳖人》云:'互物,谓有甲之蒴胡龟鳖之属。'则蒴胡乃外甲两面周围蒙合之状。胡饼之形似之,故取名

古丝绸之路的复原场景("邵永丰"提供)

也"。可见胡饼是似龟甲形状并蒙合的圆形饼，又在其上撒有胡麻。

　　汉代时候的胡饼，又很像今天新疆的"馕"。馕，是新疆有名的面饼，它与古代胡饼之间有着明确的承传关系。据史料记载，早在汉朝开创丝绸之路时，敕勒人就有打馕的传统。因当时交通不发达，馕就是人们旅途中最好的食物。经过加上酥油烤制的馕，由于质干硬少水分，因此在经历数月的干燥季节后，依然酥软可口，不易发霉变质。维吾尔族商人长途跋涉于沙漠、戈壁、胡杨林等地时，数百里没有人烟，骑马或骑骆驼前行，就依赖馕生存。人们饿了，就把馕抛在河的上游，人走到下游洗手洗脸，等"馕"漂流到这里时，"馕"就已经被河水泡好了，就这样吃着馕，喝着

古代盛装食品的提盒（"邵永丰"提供）

古代盛装食品的提篮（"邵永丰"提供）

水，便是一顿饱餐。

此外，陕西的面饼"锅盔"，与新疆制作的馕极为相似。陕西种植小麦的历史悠久，在秦国早期，小麦又是当时的主食。战国时期的秦国就是以锅盔作为军粮。其时，作为军粮的锅盔还保留了军事化的设计，直径可达半米，厚度也有所增加。秦兵的轻装步兵，把锅盔作为一种护甲，依附在士兵的胸前和后背，能吃还可以充当盾牌，又能够减轻负重，提高战斗力。因此，"锅盔"之名，就由此而来。

汉代的时候，以胡饼演化开来的面食饼子，有了许多的品种。《释名》在列举相关饼中，就有"胡饼、蒸饼、汤饼、烤饼、蝎饼、髓饼、金饼、索饼"等八种之多。但其时最有名的还是胡饼。据有关资料记载，胡饼这种食品一经传入，就广泛流行于中原地区，成为上至皇帝大臣下至平民百姓都爱吃的食品。西晋史学家司马彪所著的

古代王室食用胡饼的复原场景（胡春有摄）

《续汉书》中，就有"灵帝好胡饼，京师贵戚皆竞食胡饼"的记载。

魏晋南北朝，胡饼曾改称麻饼。两晋、十六国时，食胡饼的风气越来越盛，许多文人也非常喜爱胡饼。相传，东晋书法家王羲之就爱吃胡饼。北魏贾思勰在其综合性农书《齐民要术》中记载，王羲之曾被客人看到袒露着肚皮在床上啃胡饼的故事。传说东晋太师郗鉴有个女儿，年方二八，他急着为女择婿，郗鉴觉得丞相王导家子弟甚多，听说个个都是俊杰，就想着去王家找个女婿。这天，郗鉴派管家带着厚礼去到王家，只见儿郎们各个正襟危坐，等待中选，唯有王羲之躺在床上啃胡饼。后来郗鉴就点了这个吃胡饼的王羲之为女婿了，这也便是"东床快婿"这个成语由来之一说。

晋代时，胡饼曾一度被改称麻饼。崔鸿《十六国春秋别本》之卷一《前赵录》中载，石虎忌讳"胡"字，改"胡饼"为"麻饼"。说的是晋代十六国中的后赵皇帝石勒，小名叫"石虎"，因胡饼的"胡"与石虎的"虎"发音相近，叫"胡饼"犯了名讳，因此就将"胡麻"改称"芝麻"，"胡饼"也改称"麻饼"了。所以，后人一般都认为，麻饼是由汉唐时期的胡饼演化而来。

唐代胡饼盛行，并向南方渗透。唐代时，由于黄河流域一带，尤其陕西适合种植小麦，麦与黍是当时人们的主要粮食。因此，仿制胡饼、以小麦粉制成的饼自然成为该地区人们的主打食品。那时的长安，因唐朝人喜好胡风，因此吃胡饼与饮葡萄酒一样，成为当时社

古代民间制作和食用胡饼的复原场景（胡春有摄）

会的流行风尚，"胡食"便十分风行。在众多的"胡食"中，尤以胡饼最具特色，最受青睐。在长安，胡饼制作店铺处处皆有，尤以辅兴坊制作的胡饼最佳。在当时，除面糊以外的各种成型的面食，都称之为饼。而唐人食用最多、最具代表性的饼有三种，即胡饼、蒸饼和汤饼。而在这三种饼中，胡饼又最受人们欢迎。

《任氏传》是唐代小说家史学家沈既济撰写的一部传奇，是中国文学史上最早借狐仙写人、写现实生活的作品。该书中就有"门旁有胡人鬻饼之舍，方张灯炽炉"的记载。说的是胡人在长安市井开设的早点铺中用炉子烘烤胡饼的情景。

唐代时的胡饼，也叫胡麻饼，便是用面粉做成饼后，再撒上芝麻烘烤后而成。饼的酥脆，再加上芝麻的香味，十分诱人。因此，这胡麻饼不仅民间食用，而且还用于犒劳军队。

在唐代，有许多有关胡饼的传说故事。唐朝建立初期时，北方东突厥势力比较强大。突厥一方面支持薛举、刘武周等割据势力，与唐朝分庭抗礼；另一方面，又自恃兵强马壮，不断举兵南下侵扰。

为了平定北方外患，唐高祖李渊委任当时著名将领李靖为北征总指挥（行军总管），反击突厥，最终得胜。李靖凯旋之日正好是农历八月十五，恰巧当晚有西域商人向李渊献胡饼祝捷。这天夜晚，唐高祖李渊正与群臣分享李靖胜利的喜讯时，看到圆圆的祝捷饼十分高兴，便笑对当空，脱口而出——"应将胡饼邀蟾蜍"。这句话的大概意思是，应该邀请月亮之神下凡来，与大家一起分享这可口的胡饼。李渊遂将胡饼分给群臣，君臣一边品尝胡饼，一边赏月。因此，这也成为八月十五中秋节吃月饼赏月亮习俗由来的其中一说，而且这习俗很快由宫中传到民间。

至于胡饼成为"月饼"这个名称的由来，在民间另有一个美丽的传说：某年秋夜，唐玄宗与杨贵妃一起赏月、吃胡饼。唐玄宗嫌"胡

传说中的唐明皇与杨贵妃中秋吃胡饼赏月的复原场景（胡春有摄）

饼"这名字难听，正寻思另起一个名字。就在这时，他看到杨贵妃正仰望天上一轮皎洁的明月，便欣然喊道："月饼！"由此，胡饼改称月饼，可见月饼的源头便是胡饼。

据传，唐代鉴真和尚东渡日本时，曾携带有胡饼。那时乘船航海到达日本，所需时日很长，有馅的胡饼不耐久贮，鉴真所携必为无馅胡饼。由此看来，现代形制的麻饼是历史上的无馅胡饼和有馅食品相结合演变而来的。

《资治通鉴·玄宗纪》载："安史之乱，玄宗西幸，仓皇路途，至咸阳集贤宫，无可果腹，日向中，上犹未食。杨国忠自市胡饼以献。"唐玄宗在西逃的路上还念念不忘吃胡饼，并以胡饼充饥。《太平广记》也有关于胡饼的记载："（贺知章）与夫人持明珠……求说道法，老人即以明珠付童子，令市饼来。童子以珠易得三十余胡饼。"说的是唐代诗人贺知章住在长安的宣平坊，邻居有一老人有道法。有一次贺知章与夫人持一明珠至老人处求说道法，老人就将明珠交给童子，让他去买饼，童子以明珠换得三十余个胡饼。可见当时食用胡饼在长安城十分普遍。

胡饼在唐代还被认为是一种非常高端的食物，甚至还被锦衣玉食的皇家所钟爱。一位日本僧人圆仁所写的《入唐求法巡礼行记》中记载："（开成六年，正月）六日，立春节，命赐胡饼、寺粥。时行胡饼，俗家皆然。"说立春这天，唐武宗对大臣们进行赏赐，而赏赐的

物品正是胡饼和寺粥。可见当时胡饼在人们心目中属珍贵的礼物。

《廷尉决事》中还记载了这样一件趣事：唐代的时候，有一个叫张桂的人，因胡饼做得好吃，很多人都去他那里买饼，竟因此被封了个官。可见，由于胡饼的香酥可口，以及皇家和文人们对它的追捧，因而它被广大百姓所钟爱。唐朝人对胡饼的喜爱不仅局限于味觉的满足，更上升到了一种精神的追求。

当时，在胡饼当中，有一种叫"古楼子"的巨型胡饼。宋代王谠《唐语林》记载："时豪家食次，起羊肉一斤，层布于巨胡饼，隔中以椒、豉，润以酥，入炉迫之，候肉半熟食之，呼为'古楼子'。"这就是一种用羊肉做馅的特大胡饼，夹层中还放有花椒、豆豉等佐料，面中掺入油脂，吃起来又酥又香，味美异常。这巨型胡饼算是唐代时期翻新的一个品种了。

唐代天宝年间的"安史之乱"，造成中国古代历史上的又一次人口徙迁。在这次人口南迁之中，长安胡饼也随着制饼艺人的迁移而传入南方，随即在浙江衢州城出现不少学习京都制作胡饼的生意人，胡饼铺（店）也相继开设。相传时在衢州居住的白居易也将衢州胡饼作为礼品寄给长安朋友。

宋代胡饼品种增多，汉人掌握制作技艺。宋代的胡饼在继承唐代胡饼制作方式的基础上，品种不断增多，技艺创新改进，有时还加入不同馅料。如《东京梦华录》记载，在当时京城市面上流行的有茸割肉胡饼、猪胰胡饼、白肉胡饼。这些都是胡饼的翻新品种。《武林旧事》《都城纪胜》中，也分别记有"猪胰胡饼"。其时，南方的胡饼面皮则加入油脂，逐渐借鉴中原地区的"髓饼""蜜酥饼""糖酥饼"等制作方法，制作技艺有了改进。

可是由于宋代时失去了对河西走廊的控制，中原与西域之间形成阻隔，来中原内地经营胡饼的胡人也锐减。也就在这个时期，许多汉人开始加入胡饼制作，逐渐掌握了胡饼的制作技艺。因此，到宋代时，大多胡饼店主人已经不是胡人，而是汉人了。

北宋时期，汴京胡麻饼店多且花样繁杂。《东京梦华录》中介绍胡麻饼店称："胡饼店即卖门油、菊花、宽焦、侧厚、油锅、髓饼、新样、满麻。每案用三五人捍剂卓花入炉。自五更卓案之声远近相闻。唯武成王庙前海州张家、皇建院前郑家最盛，每家有五十余炉。"如此五十余炉为一店，其规模和生意可想而知。而这菊花、宽焦、侧厚、新样、满麻，都是胡饼的几个品种。满麻，即蘸满芝麻的胡饼，也就像今天的芝麻饼。

靖康之乱，南宋王朝建都临安（今浙江杭州）后，促进临安城商业进一步繁荣，小吃点心形成特色，早市夜市喧嚣于城。在这一时期，随着北方大批有制饼技艺的艺人流入杭州，北方胡麻饼制作技艺与南方面饼制作技艺相融合，产生了适合南方人口味的改良型胡麻饼，临安城内的胡麻饼也逐渐被人们所喜爱，并且向浙西南衢州等地传输。

明代胡饼仍有遗风，中秋吃月饼广泛流传。经历元代的战事频发，至明代时，胡饼的影响大大减弱，只是在西安等一些地方仍有少量制作。

明代，喜欢访古的蒋一葵写有《长安客话》一书，其中在"饼"的一节中，有"炉熟而食皆为胡饼"之说。说明至明代时，西安一带还有汉人在制作胡饼，唐代遗风犹在。蒋一葵，字仲舒，号石原，明代江苏武进（今江苏常州）人。他早年家贫无书，四处借阅，并刻苦抄录。万历二十二年（1594）举人，历官灵川知县、京师西城指挥使，官至南京刑部主事。他所到之地，四处访问古迹，并一一记录，其中也记录了明代西安仍在用炉子制作胡饼的情景。

而在此时，以胡饼为形制源头的月饼大量产生，而且有官方史料记载，胡饼是其中的一个分支。同时，源于周代的拜月仪式、中秋吃月饼习俗，在明代时更广泛流传开来，并被赋予月圆或团圆的象征意义。

至于中秋吃月饼的起源，在民间有多种说法，其中有一个较为普遍的说法是它起源于明代的抗元暴动。民间传说：元朝末期，老百姓因受不了元朝统治者的横征暴敛等野蛮统治，准备暴动反抗。策动者为了方便暗中联络，就用浑圆如满月的馅饼做信物，在馅饼里暗藏"八月十五杀鞑子（鞑子，旧时汉族对北方少数民族的称呼）"的纸条，分送各家各户，相约在中秋那天起兵抗元。后来，明朝建立了，明朝开国皇帝朱元璋便将月饼作为中秋节糕点赏赐群臣，月饼也就作为胜利的见证被传下来了。

由于麻饼等各类面饼的大量制作，因此在明代时，中秋赏月吃月饼不仅在中原地区流传，而且在杭州等许多地方也已经形成风气。明代杭州田汝成在《西湖游览志余》卷二十"熙朝乐事"中记载："八月十五日谓之中秋，民间以月饼相馈，取团圆之义。是夕，人家有赏月之燕，或携榼（kē，酒器）湖船，沿游彻晓。苏堤之上，联袂踏歌，无异白日。"由此可以认定，明朝时，月饼已为中秋应节之食物了。同时可见，明代时月饼不仅代表着"团圆"，还是人们在中秋节

古代中秋节民间以胡饼祭月的复原场景（胡春有摄）

相互馈赠的佳品，互送月饼的习俗已蔚然成风。"曾是金娥印得成，留将旧样说阴晴。等闲放出中秋月，并与春灯一夜明。"从明代诗人袁宏道的诗《元夕度门出宫中月饼同赋》中也可见一斑。

可见，圆如满月的月饼（胡饼），在明代有了象征月圆和团圆的意义，因此八月十五，家家供月饼、吃月饼，寓意团圆。明代宦官刘若愚编写的《酌中志》中记载："自初一日起，即有卖月饼者……至十五日，家家供月饼、瓜果……如有剩月饼，乃整收于干燥风凉之处，至岁暮合家分用之，曰团圆饼也。"

清和民国胡饼淡出，衢州麻饼方兴未艾。清代开始，市面上几乎已经没有了胡饼的影子，"胡饼"这名字也从人们的记忆中淡出。而在此时，以胡饼为源头的各式月饼在南北各地同时发展，以适应不同地区人群的不同口味。每每中秋时节，到处都是以各式月饼为主打的节令食品，摆满于大店小铺。

到了民国时期，胡饼在社会上已经销声匿迹，而月饼品种愈加繁多，风味各异，名称也生动有趣。有优雅唯美、饱含诗意型的，如合桃丹凤月、珠江同赏月、唐皇燕月……有反映民国时代政治特色的，如五族共和月、中山高月、共和定月……有寄托美好祝福型的，如蟾宫吐月、珠海团圆月……也不乏新奇古怪的款式，如翻毛月饼、焗炸月饼……

而在浙江衢州城，清代至民国时，源于胡饼的衢州麻饼仍占据市场主流，麻饼作坊遍于城内，特别是衢州城大南门一带，设有众多的手工制作麻饼铺，人们喜欢到这些店铺买麻饼。到了清代后期，也许是由于"邵永丰"品牌的影响，衢州人对麻饼更是情有独钟，他们以麻饼为当地特色食品，即使中秋节庆时，当地人们还是用衢州麻饼为节日食品，而且被誉为"衢州月饼"。后"衢州月饼"发展为"浙式月饼"，成为浙江省中秋时节的一种特色月饼，深受人们的喜爱。

民国《信安县志》（衢州曾为信安县）卷二十八，记载了当地文人韩馥的一首以麻饼为主题的竹枝词："中秋一纸广寒图，莫问唐皇事有无。麻饼偷描宫样画，嫦娥也许让麻姑。"说明民国时的衢州城，在中秋节普遍食用麻饼，以麻饼替代月饼成为一道浓厚的风俗。也从中说明衢州麻饼与唐代胡饼的渊源关系。

上述胡饼的产生及演变历史，可见它对衢州邵永丰麻饼的传承发展有着千丝万缕的联系，也为"邵永丰"的诞生提供了厚实的基础。

[贰] 中华老字号"邵永丰"的诞生与发展

中华老字号"邵永丰"是清代光绪年间，由邵芳恭在衢州城创立的麻饼生产品牌，并一直延续至今。它的诞生与发展，既是受古代胡饼的传入等直接影响，又与其所处的地理环境、人文风气及地域特产密切相关，更是一代代麻饼制作传承人的担当和创造的结果。

胡饼传入衢州，成为麻饼产生的源头。 在我国历史上，曾经出现过三次北方人口的大迁移。在一次次的人口迁移中，中原文明大量南输，促进了南北文化大规模的交融发展。尤其在唐代，随着长安一些官吏、文人和其他人士的南迁，胡饼也由长安流传至衢州，而衢州的一些面饼艺人学着制作，不断改进，这就为衢州麻饼的生产发展播下了种子，传播了技艺。再加上旧时衢州府地处四省通衢之地，具有较强的包容性，各地手工业者往返交融，使之成为历史上有名的手工业城市，其中包括食品制作工艺。因此，当中原胡饼传入衢州后，很快就在衢州生根开花，为衢州麻饼的诞生发展奠定了技术基础。

在唐代，衢州胡麻饼的影响和传播，白居易可谓是推波助澜者。据《衢州府志》和《柯城区志》记载：唐贞元四年（788），白居易

衢州城古城墙（胡春有摄）

因父白季庚任职衢州别驾从事（即州刺史的佐官）而寄居衢州。而白居易在衢州时，这位祖籍山西太原、生于河南新郑的华北人，对衢州人学长安胡麻饼而制作的衢州麻饼十分青睐，并积极向外界推介。为此，王利华在《中古华北饮食文化的变迁》一文中认为，"白居易偏好南方饮食并积极宣传与仿效，也许意味着在他的时代，华北人士对外来饮食文化的选择取向，正在悄然地由热衷于胡食转向钟情于南味吧？"从王利华的文章中，也说明唐代时衢州的胡麻饼已经有了不小的影响，而且已经接近南方人的口味，从而让华北人开始由胡食转向南味。

白居易在衢州居住何处？白居易研究者郭品在读清代诗人赵文白的《草庐小记》中发现，白居易住在"自大南门向西行六十七步"之地。由此推算出白居易随父亲寓居在衢州的日子里，所住的地方就在大南门一带的衣锦坊22号附近。而在唐代，衢州城最有名的胡麻饼铺就位于大南门侧、衣锦坊旁。

白居易有一首《寄胡饼与杨万州》诗，诗中赞许衢州胡麻饼："胡麻饼样学京都，面脆油香新出

衢州城大南门原衣锦坊一带（洪晓玲摄）

炉。寄与饥馋杨大使，尝看得似辅兴无。"关于这首七言绝句诗，有说是白居易少年时在衢州寓居时所作，有说是他中年被贬后升迁时所作，但至少说明其时他不在长安，或许就在衢州。无论是哪一种说法，都从中可以看出衢州胡麻饼制作是学了京都长安胡麻饼的制作技艺。白居易诗中对衢州胡麻饼的赞赏，也从一个侧面反映唐代时衢州城制作胡麻饼的技艺已经比较成熟了，当时民众盛行吃胡麻饼。白居易对胡麻饼赞赏的诗，民国年间在衢州麻饼店曾有张贴。

到了宋代，衢州胡麻饼开始向民间广泛渗透。徐海荣主编的《中国饮食史》卷三写道："中唐以后，中秋节食品主要是玩月羹。"由于一种食品在走向市场前已经诞生很久，经过唐代的诞生发展，至宋代时，玩月羹这类食品才在民间中秋节时渐渐流行开来。由此可见，衢州麻饼经过唐代的发展，宋代之时开始渗透进民众节日习俗和人生礼仪习俗。而到了明代、清代，衢州麻饼广为流传，并直至当今。

衢州的地理、特产与人文环境，孕育了"邵永丰"的诞生。一方水土养育一方人，一方水土也催生一方特色食品。衢州其独特的地理环境、丰饶的特产资源，以及南孔圣地那浓厚的人文特色，无不成为邵永丰及其麻饼生存发展的优良条件和有利因素。

衢州，位于浙江省西部，钱塘江上游，地处闽浙赣皖四省交界，素有"四省通衢"之称。因此产生大量贸易往来和移民迁入，随之传入众多文化艺术，其中有产生于明末清初，由江西弋阳传入的西安高腔，即衢州高腔。

衢州，初名新安县，最早建于东汉初平三年（192），迄今为止，已有一千八百多年的建城史。

春秋末年，衢州为越国西部姑蔑地，战国时划归楚国。东汉初平三年后，先后为新安、信安、西安、衢县治和衢州路（府）治所在地。

因衢州有烂柯山，故衢州城又称柯城。"柯城"一词指称衢州始见于明朝诗人的诗文中，至清代便成了衢州府城的代称。

衢州的地势特征为浙江省最大的内陆盆地——金（华）衢（州）盆地的西半部，属我国地势的第三阶梯上。地貌类型以山地及丘陵为主，山地分布辽阔，且大多为林地覆盖，森林覆盖率达73.7%。

衢州市域属亚热带季风气候区，全年四季分明，冬夏长、春秋短，光热充足，降水丰沛，气温适中，无霜期长，平均气温在27.6℃～29.2℃。衢州水资源十分丰富，境内有浙江省一级水源，被命名为国家级生态示范区，非常适合发展种植业。衢州境内农作物品种丰富，盛产水稻、大小麦、芝麻、花生、柑橘、大豆、油菜、甘蔗等。其中芝麻、花生、柑橘皮（果料）等，为当地麻饼业提供了丰富的原料。

衢州独特的地理位置及丰富的农作物，极大地促进了食品制作加工业的发展,吸引了许多手工业者和经商者来衢州开店经商,也为衢州地方特色食品、名点小吃享誉全国提供了必要的前提条件。在历史记载中,古时的达官贵人、文人墨客也纷纷到衢州游历或长期居住,对衢州麻饼等特色美食大加赞赏。

衢州,有厚重的历史文化。从西晋末年开始,到唐朝初年,衢州州级行政区划的确立,再到两宋之交,孔氏大宗及赵鼎、魏矼等名臣在内的大批北方移民的迁入,带来了中原文化和先进的生产技术及工艺,推动了衢州经济文化的发展。大量书院、义塾相继开办,崇文风气兴盛,致使衢州的科举达到了高峰,涌现大批状元、宰相以及诗人、学者,如赵抃、毛维瞻、王介、郑永禧、徐日久、徐应秋、方应祥、祝文白等等。衢州首位进士徐泌一门,连续八代,一状元、二十四进士、七忠烈。清末解元郑永禧编纂的百余万字的《衢县志》,保存了大量的古代文献资料,为衢州文化传承做出了巨大贡献。

值得一提的是,孔子第四十八世嫡长孙孔端友,于北宋宣和三年(1121)袭封衍圣公,南宋建炎三年(1129)扈跸南渡,与从父、中奉大夫孔传,奉孔子等楷木像而行。后被赐家衢州,世称南渡祖。从此,衢州被称"东南阙里",使衢州成为江南的儒学中心。随之,孝道文化、礼仪文化漫溢衢州,成为衢州重要的文化标志,也使邵永丰麻饼成为孝道文化、礼仪文化的重要载体有了深厚的思想文化基础。

此外,衢州境内有集道、释、儒于一体的围棋仙境烂柯山,有阙

衢州孔氏南宗家庙正门（洪晓玲摄）

里气象、邹鲁流韵的南宗孔氏家庙，有蒲松龄《聊斋志异》中记载的"衢州三怪"之地。还有位于水亭门历史文化街区的天王塔和位于北门街历史文化街区的钟楼，它们是衢州城的标志性建筑。"不见天王塔，两眼滴滴答"这句流传了千百年的民间俚语，体现了衢州人对天王塔的特殊情结。而如今作为国家级非遗代表性项目的邵永丰麻饼制作技艺传承基地，就坐落在水亭门旁。

另外值得一提的是，衢州独特而丰富的饮食文化，成为"邵永丰"生存发展滋润的养分。位于四省交汇处的衢州，以其强大的包容力，在不知不觉中，与外来风俗水乳交融，逐渐形成了既丰富又各具特色的美食文化，形成了独有的衢州味道，也为"邵永丰"的诞生与发展营造了良好的生态环境。

清光绪年间，柯城坊门街亮出"邵永丰"招牌。因为衢州城拥有上述这些特定的历史条件和地理及人文环境因素，因此唐代以后，便催生了一批胡麻饼经营人和胡麻饼制作经营店铺。这不，到了清

同治年间，家住衢州城上营街古城边的徐大丰，凭着他一手高超的制饼技艺，便在水亭门旁设立了一家麻饼店，制作和销售他自己生产的麻饼等食物，而且生意不错，很快就名播四方。

清光绪中期，有一名江山清漾人，叫邵芳恭，因想学一门手艺，便来到衢州城，慕名找到了徐大丰麻饼店，想拜徐大丰为师。徐大丰见邵芳恭一副朴实相，便答应让他留下来，跟着学习做麻饼。邵芳恭在徐大丰处学艺期间非常刻苦，每天起早摸黑，师父当天所教的做麻饼技艺他非学成不可。就这样三年学徒满师后，邵芳恭的麻饼制作手艺已经不逊于其师父了。

邵芳恭学徒满师后，决定离开师父自行去开店经营麻饼。这天，他对师父说："师父，您教我的做饼手艺我一定好好传承下去，您教我的做人道理我一定牢记在心。"他还对师父说："我出去以后，想自己去开一家麻饼店，不知师父有何指教？"师父听后高兴地说："这样好哇，我们可以相互学习，相互交流，把衢州的麻饼做得更好。"

邵芳恭离开师父后，在衢州城坊门街101号开设了一家麻饼店，并且招收了几名学徒，从此开始了他自己独立的麻饼生意。

邵芳恭的麻饼店开张以后，因其制作的麻饼用料考究，而且还采用"两面上麻，炭炉烘烤"等独特工艺，因而所制作的麻饼，口感好，风味独特，一经面世就广受衢州老百姓的欢迎，因此生意很快就十分红火。

清光绪二十二年（1896）深冬的一天，白茫茫的大雪覆盖了衢州城，天气十分寒冷，可是来邵芳恭麻饼店买炭烤麻饼的顾客仍络绎不绝，甚至到了夜晚还有许多人来店里买麻饼。邵芳恭看到如此情景，心中突然想到要给自己的麻饼店取一个名号，作为自己经营的一个品牌。这时，他看到地上厚厚的白雪，脑海中立马想到"瑞雪兆丰年"的熟语。于是，到了第二天的清晨，大家看到邵芳恭的麻饼店门口挂出了一块写有"邵永丰麻饼店"六个红色大字的招牌，在白雪映照下显得格外醒目。

这"邵永丰"的店名，寓意邵芳恭的麻饼店永久长存，生意永兴，吃了邵永丰麻饼的人会年年丰盈。由于主人姓邵，便取名"邵永丰"。从此，"邵永丰"就成了晚清时衢州城最为知名的食品经营品牌。

清末，衢州解元郑永禧曾写有一首《竹枝词·麻饼》："饴调粉腻晕油酥，绘出青天月样图。不信此中人不定，素娥今又换麻姑。"这从一个侧面显示邵永丰麻饼店的麻饼在当时的社会影响度。

"邵永丰"老招牌（"邵永丰"提供）

民国十八年（1929），邵永丰麻饼参加在南京举办的全国食品博览会，并获得国家级"名品佳点"称号。从此，邵永丰麻饼的品牌基本确立，其在全国的影响也进一步扩大。

民国时期至中华人民共和国成立初，邵永丰麻饼店经营一直兴盛，邵芳恭也开始以管理店务为主，麻饼制作主要是汪四涵、陈海潮、刘娥倪三位制饼师，其麻饼制作技艺进一步精湛，所制作的麻饼更受衢州百姓喜爱。

新中国成立后，邵永丰曲折发展。中华人民共和国成立后，于20世纪50年代中期对资本主义工商业进行社会主义改造，邵永丰麻饼

衢州坊门街邵永丰面饼店一条街（"邵永丰"提供）

店在这次改造中实行了公私合营，成为社会主义公有制企业。公私合营后，邵永丰麻饼店改称邵永丰面饼店，除了生产麻饼，还经营其他面食。当时，在人民政府的支持和培育下，邵永丰面饼店生意仍比较火红，购买邵永丰食品的顾客络绎不断。

"文化大革命"期间，邵永丰面饼店被改名为"向农面饼店"，直至"文化大革命"结束后才恢复"邵永丰"店名。尽管店名重生，但生意十分清淡。

1978年后，改革开放似强劲春风吹拂大江南北，邵永丰面饼店也从"文化大革命"的冲击中慢慢恢复元气，开始焕发生机。这时，邵永丰面饼店为了继续打响邵永丰品牌，返聘已经退休的陈海潮、汪四涵等制饼师傅回店工作，恢复传统的麻饼制作，传承其独特的制作技艺。因此，该店精心制作的传统麻饼及其他食品，又重新在衢州市场恢复了原有的销路。

1979年，邵永丰面饼店为了适应生意渐旺的需要，决定增加人手，便在社会上招收学徒。当时，衢州上营街刚满17岁的徐成正，因倾慕"邵永丰"，有志学习麻饼制作技艺，便毅然报名，进入了邵永丰面饼店。徐成正进店后，虚心向老师傅学习做麻饼等食品技艺。在老师傅们的热心传教下，经过六年的潜心刻苦学习，徐成正完整掌握了麻饼制作的配方、配料、上麻、烘烤等全套工艺，成了邵永丰面饼店的一名技术骨干。

20世纪80年代邵永丰门面（沈尔坤摄）

　　面对严峻挑战，徐成正扛起邵永丰品牌大旗。20世纪八九十年代，随着我国改革开放的不断深入，食品市场的竞争越来越激烈，邵永丰面饼店因受到众多外来食品的冲击，受到很大影响。为维持其生存，于1984年将邵永丰面饼店与饮料企业合并，成立邵永丰饮料食品厂，徐成正任厂长。但是，终因其规模不大、缺乏市场竞争力而仍旧困难重重，企业出现难以为继的局面。因而，至2000年，在新一轮的体制改革中，"邵永丰"这一百年品牌面临何去何从的生死抉择：是继续坚守"邵永丰"品牌，拓展麻饼品种和销售市场，还是丢掉"邵永丰"招牌，改行转业或并入其他企业？

正当"邵永丰"处于进退两难的十字路口时，当时正被分流下岗的徐成正，因对"邵永丰"怀有满腔情感，不愿意看到"邵永丰"品牌从此倒下，便不负众望，面对重重困难和压力，毅然决然出资买下邵永丰这个知名品牌，继续扛起"邵永丰"品牌大旗，决心让邵永丰麻饼的香气重新飘散在衢州城的街头巷尾。

徐成正成为新世纪"邵永丰"掌门人后，经历了一段重起炉灶、重新创业、重开市场的艰苦创业历程。功夫不负奋斗者。由于徐成正的苦心经营和艰苦创业，也由于一批志同道合者的相护相守，加上衢州城百姓对邵永丰麻饼的情有独钟，致使"邵永丰"生意慢慢回热，也让人们看到了"邵永丰"起死回生的希望。

2001年，邵永丰饮料食品厂改为邵永丰成正食品厂，徐成正担任厂长，并正式注册"邵永丰"商标。自此，邵永丰成正食品厂继续以生产传统麻饼为主打品种，同时研发生产食品新品种，销售市场逐步回升，企业开始走上良性循环的道路。

邵永丰成正食品厂生产的麻饼等食品重新赢得一定的市场后，企业也逐步发展壮大。于是，徐成正在柯城区黄家乡双塘头租用几间房屋，作为邵永丰成正食品厂生产基地，还在巨化集团开设邵永丰食品销售部。

邵永丰成正食品厂（沈尔坤摄）

邵永丰麻饼店内"永盛勤丰"匾额（沈尔坤摄）

2006年，邵永丰扩大生产规模，将双塘头生产基地迁移至巨化集团，在巨化开设麻饼生产线，走标准化之路。

同年，"邵永丰"因其品牌创立于清光绪年间，并一直经营麻饼等传统食品，始终传承中华民族优秀的传统企业文化，产品在社会上形成较大市场，因此被商务部认定为"中华老字号"。

中华老字号证书（"邵永丰"提供）

2009年，邵永丰成正食品厂为了进一步扩大生产规模，提升麻饼标准化生产水平，在衢州市柯城区万田乡张庄村征用土地，投资建造占地17亩、建筑面积11335平方米的麻饼生产基地。2011年，新的生产基地建成，成为传承邵永丰麻饼制作技艺、展示和研究麻饼等食品的重要场所，也为"邵永丰"的可持续发展奠定了物质基础。2013年，邵永丰成正食品厂改制为衢州市邵永丰成正食品有限公司。

2014年，衢州市邵永丰成正食品有限公司再次进行改制，成立浙江邵永丰成正食品有限公司，徐成正担任公司董事长。改制后的邵永丰成正食品有限公司坚持弘扬麻饼传统制作技艺，创新食品制作和销售方式，业务得到较大发展。该公司除了在衢州开设多个门店外，还积极向外扩展，先后在深圳、上海、杭州、嘉兴、宁波、绍兴和庐山、婺源，甚至在我国台湾省开出分公司及门店。

2017年，浙江邵永丰成正食品有限公司在衢州城历史街区的水亭街63-65-67号，开设邵永丰旗舰店（门市部）。

坚守匠心品质，"邵永丰"守正创新求发展。企业改制后，浙江

浙江邵永丰成正食品有限公司生产基地（吴绍扬摄）

邵永丰成正食品有限公司坚持守正创新，既坚持传承传统核心技艺，又适应当代人对健康食品的需求，以匠人匠心的品质，面向大众不断开发新的品种。在企业经营上，以改革创新为动力，固本强基，拓展新路，在公司本部和各分店（门市部）的基础上，不断扩大经营规模，初步形成"1（公司本部）+N（分公司、加盟店）"的联动发展格局，并确立了"品牌共享、和谐发展、共同创业、铸就辉煌"的发展理念和思路。通过创新创业的艰苦奋斗，邵永丰麻饼的年产量逐年增加，市场覆盖至国内外，受众面不断扩大。

"邵永丰"在麻饼等食品生产中，以产品标准化促进产品提质增效，不断改进工艺，提升产品适销对路，同时从中培养一批传承人。因此，邵永丰麻饼等食品生产品质进一步得到提升，影响

国饼经典证书（"邵永丰"提供）　　中国名饼证书（"邵永丰"提供）

越来越大，先后获得"中国名饼""国饼经典""中华好月饼"等荣誉称号。

该公司还利用新建造的生产基地，设立了800余平方米面积的邵永丰麻饼手工技艺展示馆，以及350余平方米面积的研学基地和中小学生社会实践基地等。同时依托附近农民及土地建立芝麻种植基地，带动当地群众就业和增加收入。

浙江邵永丰成正食品有限公司的改革发展实践及其成效，受到央视、人民日报等主流媒体的多次关注和报道。

"邵永丰"，百年历程，千回百转，只因有志者的坚守与创新，那"邵永丰"金字招牌才一路闪烁，熠熠生辉，永不褪色。

[叁]邵永丰麻饼制作的工艺特征

邵永丰麻饼制作技艺经过百余年的传承发展,在保持其特有的传统核心制作技艺的基础上,原料加工进一步精细,制作工艺不断完善和改进,麻饼蕴含的文化内涵不断丰富,形成了邵永丰麻饼制作鲜明的工艺特征。

精制原料,全程手工。邵永丰麻饼制作对原材料质量要求十分严格,秉持相关标准,对每一种原材料都经过精心筛选、严格验收把关,选择优质上等原料,从原料上保障产品的高质量。在原材料加工制作上,做到十分精细,严格按照规定工序进行操作,包括芝麻的脱壳、炒制和绵白糖熬制、馅料加工、麻油制作、熟面粉加工、仁料加工等工序,道道均按操作规程精心制作,而且有其独到的加工手法。

邵永丰麻饼制作一直秉承传统手工工艺,整套工艺共百余道工序,全部纯手工加工制作,其工艺优劣程度和制作质量,全凭制饼师傅熟练的手法和长期积累的经验把控。其中一些手工操作具有独特的技法,如麻饼皮料的调制等采用太极手

邵永丰麻饼手工制作图("邵永丰"提供)

法，刚柔相济，内外调和，使皮料更加有弹性和张力。

双面上麻，绝技绝活。邵永丰麻饼制作中，一直坚持麻饼的两面均沾有白芝麻，比单面上麻的麻饼更有芝麻的香味，口感更佳。而且艺人在麻饼双面上麻时，无须用手将麻饼翻面，而采用"跳饼""飞饼"技艺，使麻饼在空中翻转上麻的绝技绝活，一次完成。即凭借艺人高超的手艺，

麻饼双面上麻（沈尔坤摄）

借助抽板、麻匾、米筛三大工具，展现出饼与匾分离、腾空跃起，麻饼在空中垂直竖起，然后空中翻转、落下后上麻的高超技艺。因此，人称"飞饼"。麻饼在麻匾转磨和空中翻飞时，一直保持六边形，不仅具有极高的观赏性，而且具有计数功能。这种麻饼双面上麻技艺，全凭艺人熟练的实践经验和高超的技巧。

吊炉烘烤，国内仅有。邵永丰麻饼的烘烤器具，采用形制独特的吊炉，具有非常古老传统的特色。其吊炉在用土砖砌成的灶台上用支架吊起，分为上下两层，上为旺火，下为文火，中间放置盛有麻饼的铁鏊，上下用白炭火对麻饼进行夹攻式的双面烘烤。吊炉可升可

吊炉烘烤麻饼（沈尔坤摄）　　　　　麻饼用白炭吊炉烘烤（沈尔坤摄）

降，中间的铁鏊可用钳子抽进抽出，以使烘烤的麻饼随时翻身和调换。这种吊炉式的烘烤方式，目前在国内仅为此家。

麻饼在吊炉上烘烤的时间、吊炉炭火的温度，全凭操作人员的眼观和经验来掌握。烤制的麻饼以"白边红心"为起锅标准。所谓"白边红心"，即麻饼表面芝麻呈金黄色，饼缘芝麻显现白芝麻本色，内馅呈红色。这样的麻饼，口感外酥里嫩。

芝麻彩绘，俗艺相融。在重礼仪的衢州，邵永丰麻饼被人们当作吉祥之物、团圆之礼。因此，每当除夕、元宵、中秋、重阳等节日，以及人们婚嫁、祝寿、上梁等时，"邵永丰"会特地制作相应的大麻饼，而且根据人们的主题要求，采用天然色素将芝麻染成红、黄、蓝、橙等颜色，在大麻饼上面用彩色芝麻绘出嫦娥奔月、喜字、麒麟送子、寿星等图案和文字，然后在麻饼表面四周撒上彩色芝麻，成为一种具有吉祥和喜庆的节日礼物。这种将当地民俗与艺术融合在一起的麻饼，以及在麻饼上的彩绘技艺，可称为一绝，也是邵永丰麻饼制作的一大特色，并深受当地百姓的欢迎。

由此可见，麻饼的制作工艺是集技术、艺术、美术、书法等于一体的具有很强观赏性的工艺，富有独特的工艺价值、文化价值、人文价值。

芝麻彩绘的麻饼（柯志芬摄）

二、邵永丰麻饼制作技艺与品种

邵永丰麻饼传统手工制作工艺，从原材料验收开始，至麻饼制作、质量检验、包装上市，共有百余道大小工序。一代代麻饼制作传承人继承前辈传统制作技艺的同时，在传承实践中还创造性地创设了「飞饼上麻」「跳饼过匾」「双面烘烤」「芝麻彩绘」等绝技绝活，体现了麻饼制作艺人的智慧与创造力。

二、邵永丰麻饼制作技艺与品种

[壹] 邵永丰麻饼制作工艺流程

邵永丰麻饼传统手工制作工艺流程，从原材料验收开始，至麻饼制作、质量检验、包装上市，共有百余道大小工序。在麻饼制作时，按照其制作工艺顺序，由各部门师傅严格操作进行。

1.原料验收

原材料进货、验收，是邵永丰麻饼制作的头道工序。邵永丰始终严把进货关，而且通过肉眼观看、手工测试和相关仪器检测，对各种原料按既定标准和要求进行一道一道的验货。

黑白芝麻：芝麻必须颗粒饱满，不能有瘪的芝麻。对发霉、结串和瘪的芝麻一律拒绝接收。芝麻中若有沙泥和草屑的，将做进一步处理。

小麦粉：小麦粉一定要细腻，不能粗糙；面粉须干燥，用手捏面粉，松手后成松散状，不成

验收芝麻（"邵永丰"提供）

团。小麦粉中的灰质杂物不能过多,过多会影响产品质量。

麦芽糖:麦芽糖必须要达到一定的稠度,而且松软。如麦芽糖浓度过稀,就会影响产品的口感;如发硬,做出的麻饼就不能够达到柔软松酥的要求。

白砂糖:要求颗粒干燥,不能氧化。如白糖软化潮湿就不能使用,则拒绝接收,否则会造成损失。

西瓜子仁:应干燥,外观呈白色或灰白色,肉质肥厚,无黄粒,无霉变,无杂质。如发现有黄粒、霉变、杂质等,即拒绝接收。

葵花籽仁:应干燥,外观呈乳白色,无黄粒,无霉变,无杂质。如发现有黄粒、霉变、杂质等,即拒绝接收。

花生仁:应干燥,颗粒饱满,具有新鲜度,无黄曲霉素,无黄粒,无霉变,无杂质。如发现有黄粒、霉变、杂质等,即拒绝接收。

核桃仁:应干燥,颗粒饱满,无出油现象,具有新鲜度,无油变味,无黑仁,无虫蛀,无霉变,路分整齐,色泽均匀,无杂质。如发现有虫蛀、霉变、杂质等,即拒绝接收。

杏仁:应肉色洁白,籽粒饱满,具有其特殊的芳香风味和固有滋味,无异物,无虫蛀,无霉变现象。如发现有虫蛀、霉变等,即拒绝接收。

腰果:应具有腰果仁特有的香气,外观呈浅黄色,色泽均匀,果仁松脆,无明显涩味,无异味;颗粒完整,大小基本均匀,呈月牙

形，无明显焦斑，无霉变，无杂质。如发现有异味、霉变、杂质等，即拒绝接收。

松子：应均匀整齐，颗粒饱满，外皮光泽、完整，果仁乳白或白色，无异味，无可见外来杂质，无霉变。如发现有异味、霉变、杂质等，即拒绝接收。

青梅干：应呈浅黄色，色泽鲜艳，口感清新爽口、无苦涩味，大小基本一致，形态基本完整，无肉眼可见斑点。如口感不佳、有异味等，即拒绝接收。

金橘饼：应色泽金黄，口感细腻，大小基本一致，形态基本完整，无肉眼可见斑点，无异味。如口感不佳、有异味等，即拒绝接收。

冬瓜丁：应外干内润、洁白晶莹、酥甜无渣，大小基本一致，形态基本完整，无肉眼可见斑点，无异味。如口感不佳、有异味等，即拒绝接收。

红绿丝：应外干内润，大小基本一致，形态基本完整，无肉眼可见斑点，无异味。如口感不佳、有异味等，即拒绝接收。

枸杞：应具有枸杞拥有的滋味、气味，略扁稍皱缩，果皮鲜红、紫红色或枣红色，形态基本完整，无肉眼可见斑点，无异味。如有异味等，即拒绝接收。

红枣：应风味甜润、无虫蛀、无霉变、无异味，形态基本完整。

如有虫蛀、霉变、异味等，即拒绝接收。

葡萄干：应具有本品固有的风味，果粒饱满，无异味，质地柔软，大小均匀，色泽一致，无虫蛀、无异味。如发现有虫蛀、异味等，即拒绝接收。

蔓越莓干：应酸甜适口，无杂质，无异味，大小均匀，色泽一致。如有异味等，即拒绝接收。

2.原料加工

邵永丰麻饼制作前，对经过验收的主要原材料均进行精心加工处理。原材料加工这道工序既十分关键，也非常细致，以原料加工的高质量获得产品的优质化。

白芝麻的加工处理：

（1）把石臼清洗干净，将适量的白芝麻倒入石臼；（2）在倒入石臼里的白芝麻中间挖一个小圆洞，加入一定比例的清水（水不能太多也不能太少，水太多，捶打时白芝麻会到处飞溅，造成浪费；水太少，芝麻肉容易打破，打破后的芝麻肉就和芝麻壳混在一起，造成浪费）；（3）用手把芝麻和水搅拌

白芝麻脱壳和冲洗浮壳（"邵永丰"提供）

均匀；（4）捶打，必须两人合作，一人用杵臼捶打，一人在石臼中用手不断翻动芝麻。捶打到一定的时候，一人用手抓起芝麻往石臼边上摩擦，观察是否已达到工艺要求，如已达到工艺要求即停止捶打；（5）把石臼里捶打过的芝麻盛到木桶里，然后在另一小木桶里盛满水，拎高将水冲入盛芝麻的木桶里，以冲力使芝麻仁和芝麻壳分离（水大概要盛到木桶的十分之八的位置）；（6）芝麻仁在水里充分沉淀后，两人配合，一人将木桶歪斜缓慢倒掉悬浮在表面的芝麻壳，另外一人用漏水的蒲篓（又名蒲袋）接牢芝麻壳（因芝麻壳里含有芝麻肉，减少不必要的浪费）。如此反复九次，直到完全没有芝麻壳，余下的都是芝麻仁；（7）在余下芝麻仁的木桶中充满水，用笊篱在木桶里反复搅拌，让芝麻中的泥沙沉淀；（8）用笊篱把木桶中表面的芝麻仁捞起，放在篾丝箩筐里，直到全部捞完为止，然后把木桶里的泥沙全部倒完；（9）将篾丝箩筐里的芝麻仁中的水沥干后，放在簸篮里用手摊得厚薄均匀，进行晒干，中间须用手多次翻动，以加快芝麻干燥的速度；（10）芝麻晒干后，用铲子铲入干净的袋子储存备用；（11）芝麻壳晒干后用簸箕不断地簸扬，利用空气里的风力将芝麻壳簸到地面，直到簸箕里余下的都是芝麻仁为止，装袋备用。

黑芝麻的加工处理：

（1）把袋中的黑芝麻倒入风车漏斗里，风车接口处放好箩筐，

黑芝麻风车过扇（"邵永丰"提供）

漂洗芝麻（"邵永丰"提供）

接芝麻用；（2）一人站在风车的摇手旁，调好风车出杂质口的风速，以免芝麻和杂质一起吹出，然后用手匀速旋转风车把柄，带动板叶扇风，直到杂质和芝麻分离；（3）将用风车筛选过的净芝麻倒入木桶里，再将水倒入木桶中十分之八的量，用笊篱在木桶里反复搅捞，以清洗泥沙；（4）用笊篱把浮在水面的芝麻捞起，放在篾丝箩筐里，直到全部捞完为止。如此反复五次清洗，直至完全没有泥沙，沥干备用；（5）把炒芝麻的铁锅清洗干净，再把铁锅斜放在炉灶上，然后把炉灶柴火点旺（原用柴火后用煤炉，现用液化气炉炒制芝麻），直到铁锅发热；（6）把清洗好的一定数量的芝麻用铁锹铲到铁锅里，用特制的木铲在锅里不断翻炒，直到将芝麻炒熟。

用闻、听和尝的方法判断芝麻是否炒熟了。闻：芝麻在没炒熟前是没有味道的，火候到位后会散发出浓郁的芝麻香味。听：当芝麻发出声响，而且有的芝麻还会从锅中跳起，这就证明芝麻炒好了。尝：如果还是没有把握的话，可以尝一尝，入口后香而酥脆就可以出锅了；（7）炒芝麻须掌握好火候：先用旺火炒制，让芝麻中的水分炒干直到颗粒饱满后改用小火。芝麻不能炒得太生，会影响香味，而且糙嘴；也不能炒得太过头，太过头了芝麻会产生焦味，味苦不能食用；（8）芝麻炒熟后，用竹笀帚将芝麻从锅里转换到簸篮里摊凉；（9）摊凉后的熟芝麻用铁铲铲到篾丝箩筐备用；（10）把石臼清洗干净、擦干，保持干燥，再把杵臼清洗干净、擦干，把石臼斜歪放在地上，把炒熟的芝麻按规定容量放入石臼中；（11）用杵捶打石臼中的芝麻，直到芝麻成粉状；（12）用铁锹把石臼里的芝麻粉铲入细筛，筛选芝麻粉，细筛下面放好簸篮，芝麻粉用筛子筛到簸篮里，没筛下的继续捶打直至全部筛完；（13）簸篮里的芝麻粉用铁铲装入专用盛放的容器里。这样的芝麻粉打好后，成干燥状，但不能打得太过头。打过头了，芝麻粉就会出油，成潮湿状。用

青石磨麻（"邵永丰"提供）

石臼捶打的芝麻香味浓郁。

芝麻油的加工处理:

(1)将筛选过的芝麻倒入木桶里,再将水倒入木桶中的十分之八位置,用笊篱在木桶里反复搅拌,清洗泥沙;(2)再用笊篱把浮在水面的芝麻捞起,放在篾丝箩筐里,直到全部捞完为止,沥干备用;(3)把炒芝麻的铁锅清洗干净,再把铁锅斜放在炉灶上;(4)用柴火把炉灶点旺,直到铁锅发热;(5)把清洗好的一定数量的芝麻用铁锹铲到铁锅里,用特制的木铲在锅里不断翻炒芝麻,直到炒出焦味,但不能炒得焦味过浓(焦味过浓影响出油率,没有达到一定的焦味也影响出油率),这需要师傅凭借多年的经验来掌控;(6)芝麻炒好后放在簸篮里摊凉;(7)将石磨清洗干净,把炒好摊凉的芝麻放入石磨盘上漏斗中进行研磨,形成麻酱,流入石磨出口处的铁锅内备用;(8)用大铁锅烧开水,然后将烧开的水按一定的比例倒入盛麻酱的铁锅中,用一根木棍

芝麻油加工("邵永丰"提供)

在铁锅中不断地搅拌，直至搅拌均匀为止；（9）用葫芦在铁锅中不停地轻轻按压，因油比水轻，通过按压让油浮出水的表面，水浸入芝麻里，油从芝麻里渗出；（10）用木勺舀出铁锅表面的芝麻油，放入容器中沉淀备用，直到舀完为止；（11）笃油：用手拿着铁锅的一边，不断地将铁锅作前后摇晃，直至把芝麻酱中剩余的油全都笃完为止，再用木勺舀出铁锅表面的芝麻油，放入容器中沉淀备用，直到舀完为止。

绵白糖的加工处理：

（1）把大铁锅清洗干净，放入规定数量的水；（2）把炉灶的柴火点燃烧旺；（3）将规定数量的白砂糖倒入铁锅中，用锅铲不断地在锅底部搅拌，以防白砂糖粘锅产生焦味；（4）白砂糖炒至糖浆状开始冒大泡，呈奶黄色（如果冒小泡，证明水分太高，糖熬过头不能形成雪花状，会重新形成颗粒状）；（5）将烧好后的糖浆用勺舀出，倒入面板上，直到锅中舀完为止，锅中加入清水，以备清洗锅用；（6）数人用长柄铁铲在面板上将糖浆正反不断翻铲，使其水分不断挥

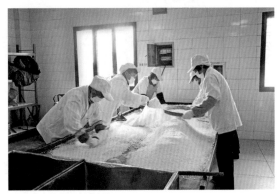

制作绵白糖（柯志芬摄）

发,形成块状;(7)用擀罗把形成块状的糖块不断地擀散、擀细、擀柔,使其颜色呈雪花色(绵白糖擀得越细越绵,其形态绵细如雪花,如果没有擀细、擀散,里面的糖浆还有颗粒,那颗粒中存有水分);(8)把擀好的绵白糖用细筛筛选,形成雪花状;(9)把筛选好的绵白糖装入专用容器,放入干燥地方存放备用,以免受潮,受潮后会造成绵糖结块且影响口感。

熟面粉的加工处理:

(1)把大铁锅清洗干净,放入规定数量的水;(2)把炉灶的柴火点燃烧旺;(3)在干净的蒸笼里铺好干燥的蒸布,将规定数量的面粉放入蒸布上,铺平,用铲子在面粉上划上几条空隙,让蒸汽透过空隙上升,使面粉形成块状;(4)把放有面粉的蒸笼端上炉灶,将蒸笼里的块状面粉蒸熟;(5)把蒸笼里蒸好的块状面粉倒入面板上,用擀罗把块状面粉不断地擀细,擀得越细越好;(6)把擀好的熟面粉用细筛筛选,直到筛完;(7)把筛选好的熟面粉装入专用容器备用。

瓜果仁料的加工处理:

花生:(1)把花生倒入烤盘中进行挑拣,确定均为无杂质、无发霉的花生;(2)将烤箱设定规定的温度,达到标准温度后,将挑拣过的花生依次放入烤箱;(3)在烤制过程中要将烤盘中的花生用铲进行上下翻动,以使花生烤制均匀,待花生烤制成金黄色时及时

煮仁料（柯志芬摄）

麻饼仁料加工处理（沈尔坤摄）

取出（如不及时从烤箱里取出来会烤焦，味苦，影响口感）；（4）将烤箱烤好的花生取出倒入面板上，用擀罗不断地擀压，让花生去衣；（5）把擀好的花生放入簸箕中不断抖动翻滚，利用风力把花生衣吹掉，直至吹干净为止；（6）把去衣的花生重新倒入面板上，用擀罗、压捶轧成需要的颗粒状，直到完成；（7）将花生颗粒用铲子装入专用容器备用。

核桃仁：（1）将核桃仁倒入面板上进行挑拣，确定均为无杂质、无发霉、无油变味的核桃仁；（2）把挑拣好的核桃仁用专用刀具切成需要的颗粒状；（3）将核桃仁颗粒用铲子装入专用容器备用。

其他各种瓜果仁料的处理方法基本相似。

彩色芝麻（制作彩色大麻饼用）的加工处理:

（1）将芝麻仁分别倒入不同颜料的容器里，按红、黄、蓝、绿、紫、橙等需要的颜色进行染制成相应的颜色；（2）将染色后的彩色芝麻摊在匾里进行晾干;(3)将晾干的彩色芝麻分别装入不同的容器中备用。

彩色芝麻的配料,按百斤配方称量。彩色芝麻于麻饼上绘画或写字而用。

3.麻饼皮料调制

(1)为让小麦粉蓬松细腻,先将小麦粉用筛子过筛,再将筛过的小麦粉盛入容器备用;(2)将筛过的小麦粉舀入调皮面缸,用手在面粉中间压一个圆坑;(3)把一定比例的麦芽糖和芝麻油倒入面缸的面粉圆坑中,用太极手法如行云流水般把麦芽糖和芝麻油充分搅拌均匀;

将麦芽糖汁倒入和面缸的面粉中(吴绍扬摄)

(4)用一定比例的水将碱溶解,将溶解好的碱水倒入面缸的面粉圆坑中;(5)再用太极手法将碱水融入麦芽糖和芝麻油中,进行

将和面缸中和好的面团搬到案板上再揉("邵永丰"提供)

搅拌，直至充分乳化；（6）用手轻轻地把面粉不断地拌入乳化的麦芽糖和芝麻油中；（7）用双手不断地将面粉轻轻按压到调好的浆料中，让它慢慢地形成面团；（8）把面缸中的面团用手捧出，搬到面板上，在面板上再搓揉按压至面团光滑；（9）将搓揉按压好的大面团切成小块面团，饧发备用（搓揉好的面团不能太硬，太硬不好操作，而且皮面容易破裂，还不能够制成成品）。

4.麻饼馅料调制

（1）按规定配置好各种馅料；（2）将配置好的馅料倒入馅料缸中，用手将各种馅料搅拌均匀；（3）将已配好的芝麻油缓慢分次倒入馅料中，用双手将馅料缸

麻饼馅料调制（吴佳宜摄）

揉好的面团放在案板上切成小面团（崔苹摄）

揉团分只（洪晓玲摄）

中的馅料和芝麻油搅拌均匀；（4）用双手不断搓揉馅料，直至用手指轻轻一捏，能捏成团即可；（5）用铲将馅料装入小木盆，放在面板上备用。

5.揉团分只

（1）将饧发好的前两三块面团，分团加入一定比例的面粉再次搓揉按压，使之软硬适宜，让面团更加光滑；（2）将搓揉好的面团搓成圆形的长条；（3）用手将圆形长条面团分摘成规定重量的小团，每只重量、大小基本相同。面团分只大小的精度，主要靠师傅的手感和眼法。

6.包馅、催饼

（1）双手同时操作，用一手虎口将小面团按压成圆形薄状，中间厚四周薄，另一手到小木盘中取馅料捏成小团；（2）将馅料小团放入圆形薄状面团中进行包馅； （3）用手虎口把皮料往上提起，并沿手一起慢慢滚动，直至皮料把馅料全部包含其中，再用手虎口把包好馅料的粉团上面的缝隙捏紧，轻轻按压；（4）用手将面粉洒

将包馅的小面团压扁，洒上面粉（"邵永丰"提供）

向已包好的饼上（以防
饼对饼粘在一起，也为
下一道工序做准备）；
（5）用双手将包好的面
团轻轻按压，共按压三
次，不同方位各按压一
次，形成一个初步的小
圆饼，并将数十只小圆

包馅（沈尔坤摄）

饼骑缝排列；（6）再将
面粉洒在小圆饼上，用
双手将洒在小圆饼上的
面粉抹均匀；（7）双手
分别拿捏住小圆饼，让
小圆饼竖起来沿手缓慢

包馅制作（沈尔坤摄）

滚动，再将各自手上的小圆饼进行双手合拢，缓慢滚动，形成需要大
小厚薄的麻饼（此道工序又名催饼，按操作技术和手的大小不同数
量就不同）；（8）将催好的饼放在抽板上，骑缝排放，形成六边形，
缺一便知，备烤。

7.暖炉

（1）将白芝麻仁倒入木桶中，用水浸泡，备用；（2）将罩在炭炉

上的鳌盘（烘烤麻饼的器具）盖掀开；（3）用铁铲将炉子中的木炭用筛子过灰，将灰筛在鳌盘中，再把筛好的木炭倒回炉中（按当天需要烤制的麻饼数量来筛选炉中的木炭，炉中的木炭筛得越深，烤制的麻饼数量就越多，火越稳）；（4）点火。用火柴将引火的草纸点燃，丢放在炉中的木炭上，然后把没有用过的木炭轻轻放入点着火的草纸上面；（5）用麦秆扇把炉中木炭的火扇旺后，再加入一定数量的木炭，让木炭进行烧制，直到炉中木炭全部烧旺；（6）将烧旺的木炭夹在鳌盖上，形成火堆，再将炉中烧旺的剩余木炭用铁锹擀平；（7）用特制的大木槌把炉中的木炭进行捶打和压实，形成中间低、沿周边慢慢增高的平整的表面；（8）用铁铲将鳌盘中木炭灰铲到米筛里，用米筛在炉中筛上薄薄的一层灰，把炉中的木炭完全覆盖（灰根据生产总量来定，如当天烤制数量大，即灰覆盖少点，反之炉灰加厚）；（9）在覆盖好的炉中炭灰上放上三块小砖头，形成三角形；（10）将鳌盘盖盖在炉中的三角砖上，再将鳌盘上的木炭沿四周均匀地铺开，如上面木炭不够，再添加木炭，形成所需要的火候。此道工序名"暖炉"。

8. 上麻

（1）把刚浸泡好的白芝麻仁倒入篾丝箩筐中沥干备用；（2）把鳌盘中的灰倒入另一个存放灰的炉中，将鳌盘清洗干净；（3）把盖在炉中三角砖上的鳌盘盖移除，再将鳌盘放入三角砖上，用手在鳌盘中间把鏊盘压实,让它不会轻易移动;(4)把麻匾放在桌面上,用笐帚将盆中的清水洒向麻匾四周,水不能够太多,也不能够太少;(5)把在篾丝箩筐中沥干的芝麻仁按需撒在洒过水的麻匾上(芝麻仁撒在麻匾上要适中,太多造成浪费,太少,麻饼的正面形不成麻点,烤制时易焦,影响整体色泽美观);(6)用八卦式手法把芝麻在匾中撒开,形成均匀的圆周状;(7)把抽板上的麻饼一次性倒入麻匾里;(8)双手握住麻匾,轻轻摇晃麻匾,使麻饼能缓缓移动;(9)在摇晃中把麻饼一次性抖开,又一次性将它慢慢合拢,

在小匾里撒上白芝麻(崔荦摄)

麻饼在竹匾里上麻(沈尔坤摄)

如此反复数次,让麻匾里的麻饼始终保持六角形不变;(10)在手臂的作用下,一次性将麻匾中的麻饼腾空翻面,再让翻面后的麻饼落

麻饼轻轻抖开，在竹匾里成六边形（沈尔坤摄）

麻饼在竹匾中翻身上麻（沈尔坤摄）

到麻匾里，把另一面没有上过芝麻的麻饼，在麻匾里通过一次次摇晃、抖开、合拢，再抖开、再合拢，然后再整体腾空翻面，进行摇晃抖开、合拢；（11）将米筛放在麻匾对称一角，然后把麻匾里的麻饼一次性整体跳入米筛中；（12）用棕刷将米筛里麻饼上的浮麻刷掉，再用米筛轻轻摇晃，把米筛里的浮麻筛到麻匾里；（13）将抽板放在麻匾上，再将米筛里的麻饼一次性整体跳入抽板；（14）双手握住抽板的两侧，轻轻一抖，将抽板上的麻饼抖开均匀的缝隙，使之与即将放入锅中烤制的缝隙一致。

9.烤制

（1）将鏊盘盖盖在鏊盘上，加热鏊盘；（2）热制后将鏊盘盖移除，在鏊盘里倒入适量的麻油；（3）用草纸将鏊盘里的麻油擦抹均匀；（4）用笀帚将清水撒在鏊盘里，试一下鏊盘温度是否一致，如有不一致的地方，再撒一点水，用草纸把水抹干，使鏊盘温度均衡；

（5）将抽板上的麻饼一次性抽入到鏊盘里（万一有个把没有到位，即用铲在饼的表面轻轻移动），使鏊盘里饼与饼缝隙一致；（6）把鏊盘盖平稳盖在鏊盘上，待十几分钟后用铁夹把锅盖转动，以使鏊盘温度保持一致；（7）将鏊盘盖移除，用木铲把鏊盘里的饼一个个翻面，再盖上锅盖烤制；（8）待麻饼再烤制一会儿后，观察麻饼已经烤制好，即把鏊盘盖移

麻饼吊炉烘烤（柯志芬摄）

麻饼烘烤成白边红心（沈尔坤摄）

除，用铁铲将鏊盘里烤好的麻饼铲入米筛进行摊凉；（9）麻饼烤完后把鏊盘移开，再把三块小砖头从炉中夹到另外地方，把鏊盘盖上的木炭用铲子全部铲到炉中；（10）将鏊盘翻转覆盖到炉上，使炉中的整个木炭都进行覆盖，用手轻轻按压严实，再用铁铲把炭灰沿锅四周把它覆盖，使其内部缺氧，炉中的木炭会自然熄灭。

10.芝麻彩绘

用于中秋、婚庆、寿诞等重要场合的大麻饼一般都需用芝麻彩绘。彩绘图案有嫦娥奔月、麒麟送子、"囍""寿"文字等。彩色芝麻均是用天然色素染成,天然色素通过提炼挤压蔬菜瓜果得到。不同的颜色取之于不同的蔬菜瓜果,如黄色取之于甜橙,绿色取之于青瓜,红色取之于西红柿,紫色取之于苋菜。

其操作工序:(1)根据需要和不同的主题,彩绘师傅先画好样图;(2)用蘸着糖浆的毛笔在大麻饼上按样图绘出所要的图形;

(3)再根据图像所需要的颜色,撒上彩色芝麻,每描一笔撒一次芝麻;

(4)进行修正,扫除不需要的彩色芝麻。

11.质检

(1)取样化验:由质检人员到烘烤车间按标准取样至化验室。

(2)感官检验:通过质检人员观察,麻饼形态要红心白沿,外形规则,

艺人正在进行芝麻彩绘(沈尔坤摄)

整体呈圆形, 厚薄均匀, 不能有凹凸, 不跑糖, 不露馅, 表面芝麻平整均匀, 表皮芝麻不能生、不能焦。

（3）检验麻饼形态: 麻饼皮馅均匀, 无空洞, 无糖粒, 无夹生。

（4）检验麻饼净含量: 每只麻饼要达到标准要求; 馅料和皮料含量要达到标准百分比例。一般在麻饼制作中途, 由质检人员定时或不定时进行现场检验和监督。

（5）口感和目测检验: 通过品尝, 麻饼无异味, 无正常视力可见外来杂质。

"邵永丰"在对食品质量检验中, 还重视理化指标和微生物指标的检测。理化指标主要是: 干燥失重、粗脂肪、总糖、馅料含量、酸价、过氧化值、重金属（以Pb计）及其他污染物限量应符合国家标准及相关法律法规要求。微生物指标主要是: 菌落总数、大肠菌群、霉菌、致病菌限量应符合国家标准及相关法律法规要求。

[贰] 邵永丰麻饼制作绝技绝活

在邵永丰麻饼制作的百余年历程中, 一代一代的麻饼制作传承人在继承前辈技艺的基础上, 进行大胆的探索创新, 技艺更加精湛, 尤其是经过多年的实践磨炼, 创设出一项项有利于提升麻饼制作技艺水平和麻饼质量的绝技绝活, 真可谓是一份珍贵的财富。

1.双面上麻"飞饼"技艺

邵永丰麻饼独特之处是上下两面都均匀地撒上芝麻，这是邵永丰麻饼制作工艺中的一个重要环节，称"上麻"。这道工序一般是用手将芝麻撒在麻饼一面后，再用手将麻饼翻身后再在另一面撒上芝麻。而邵永丰麻饼制作艺人却通过"飞饼"绝技，将麻饼一次性自动双面上麻：

先把抽板上成型的30只麻饼一次性抖入一个撒有芝麻的小竹匾里，艺人称其为"昭君出塞"。然后双手握住小竹匾，摇晃小竹匾，使麻饼间距离分开，并在转动中与竹匾里的芝麻接触，称"凌波微步"；再一次性将竹匾里的麻饼慢慢合拢，形成集合状。如此反复数次，让麻匾里的麻饼上好一面芝麻。艺人称其为"移花接木"。接着，饼师不断摇晃小竹匾，把竹匾中30只上好一面芝麻的麻饼，用巧力一次性抛起，麻饼一个个凌空竖立起来，成垂直状抛向空中，并在空中腾空翻身，这动作

麻饼上麻时的"飞饼"绝技（梁燕玲摄）

俗称"飞饼"。而且竹匾里的这30只麻饼在腾空竖立时，会自然按四、五、六、六、五、四的规律排列，形成一个不等边的六角形。然后再让在空中翻身后的麻饼整体落到小竹匾里，把另一面没有上过芝麻的麻饼，在小竹匾中摇晃、抖开、合拢，再抖开、再合拢，然后再整体腾空翻面，进行摇晃抖开、合拢，如此完成麻饼两面上麻。艺人称其为"神龙摆尾"。在上

麻饼凌空飞起（"邵永丰"提供）

飞起来的麻饼（施红花摄）

麻时，手不能和饼有直接接触，整个工艺一气呵成，共有16个招式。这"银光飞舞"、杂技般的绝技绝活，全凭制饼师傅的灵气与悟性，非多年练习成熟而不能完成。凡观赏此绝艺的人，无不拍手叫绝。

麻饼过匾（沈尔坤摄）

麻饼从竹匾中"跳"入米筛（沈尔坤摄）

麻饼从米筛中"跳"入抽板（沈尔坤摄）

2.麻饼过匾"跳饼"技艺

邵永丰麻饼制作过程中的"跳饼"技艺，是指麻饼在双面上麻前及上麻后，不用人手工搬运麻饼，而是凭饼师的巧力，两次将麻饼自动"跳"入米筛或抽板上的独特技艺。

第一次"跳饼"是在上麻前，制饼师傅将撒有白芝麻的小竹匾放在抽板对称的一角，然后用巧力把抽板上的30只麻饼一次性整体"跳"入竹匾里，进行麻饼上麻。

然后将上好麻的麻饼再一次"跳"入米筛中，用棕刷将米筛中麻饼上的浮麻刷掉，然后将米筛轻轻摇晃，把米筛上的浮麻筛到麻匾里。

第二次"跳饼"是麻饼双面上好芝麻后，饼师将一块抽板放在小竹匾旁边，再将小竹匾里上好芝麻的30只麻饼一次性整体"跳"上抽板，等待上炉烘烤。

"跳饼"这一独特技艺，是制饼艺人在实践中，利用惯性的原理，使麻饼自动快速转移，既可以节省工时，又能减少手与麻饼的接触。

3.麻饼吊炉双面烘烤技艺

邵永丰麻饼烘烤采用的是吊炉，其形制独特，分为上下两层，上层是旺火，下层是文火，均用白炭烘烤。将麻饼放入一个名"鏊"的器具上，鏊盘放于上下两层烤炉的中间，使麻饼双面受热，上下同时夹烤。其难度在于准确掌握烘烤的火候与烘烤的时间，艺人全凭多年实践的经验，在观察到麻饼烤制到"白边红心"时即为起锅。即麻饼表面的芝麻呈金黄色，饼缘芝麻显现白芝麻本色，内馅呈红色。如此烘烤出来的麻饼外观铮亮，外酥里嫩，口感甚佳。

麻饼制作工艺

吊炉烘烤技艺演示（吴绍扬摄）

中的这些绝技绝活,体现了麻饼制作艺人的智慧与创造力,成为邵永丰麻饼制作的传统核心技艺,代代相传。

[叁] 邵永丰麻饼制作主要器具

邵永丰麻饼传统手工制作过程中,涉及许多制作器具,且有的是邵永丰麻饼制作中独有的器具。其主要制作器具有:

石臼 石臼是人类以各种石材制造的生产生活器具,用以砸、捣、研磨食品等,古代称"碓"。邵永丰使用石臼是将芝麻放在石臼里,通过石杵夯打后使其脱壳,成为芝麻仁。也用石臼研磨芝麻粉。

用于芝麻脱壳的石臼(王帅摄)

石磨 相传由鲁班发明。有一天,鲁班来到一个地方干活,看到一个老婆婆在捣麦子。老婆婆年岁大了,举不起石杵,在石臼里研着麦粒。鲁班从这里得到了启发,回到家,他找到了两块大石头,把石料凿成两个大圆盘,并在大圆盘上凿出一道道槽,

用于研磨芝麻的石磨(王帅摄)

将二块大石盘合拢，上面一块大石盘上凿个洞放麦子用，又凿一个洞装上木把，用人或畜力使之转动，就能够把谷麦磨成粉末。"邵永丰"的这副青石磨已使用百年以上，用于研磨芝麻、谷物、麦粉、豆浆等。

和面缸 "邵永丰"现存的一具和面缸，已有上百年的历史，并仍旧在使用。和面缸用于麻饼制作时和面。将面粉放进面缸，中间拨出一个凹形，便于倒入水、油不易渗出，再用太极手法将面粉和水搅拌均匀，和成面团。

面板 "邵永丰"的一块揉面的面板，已经有百年历史。面板主要用于制作食品面点时和面团、擀面团、压绵白糖、分团等用。

和面缸（王帅摄）

擀面杖 擀面杖也是中国很古老的一种用来压制面条的工具，呈圆柱形。"邵永丰"的擀面杖用来在平面的面板上滚动，挤压面团等可塑性食品原料。

擀面轴和木桶（沈尔坤摄）

擀面轴　用圆木制成，用于擀麻饼皮子和压绵白糖等。

抽板　抽板是放置麻饼的特用工具，一块抽板可置放30只小麻饼。30只小麻饼在抽板上被松动后可抽"跳"到麻匾里，从麻匾再"跳"到米筛，又从米筛中掀到抽板上，最后从抽板上抽到鏊锅中烘烤。

竹匾　用毛竹编织而成，圆形，有大小之分，用来盛放食品。"邵永丰"的竹匾用于麻饼上麻时翻飞麻饼上芝麻，也用于晒芝麻等原料。

竹筛　竹编用具，底面多小孔，用以分离物品粗细。"邵永丰"的竹筛主要用于筛芝麻粉等。

风车与篾篓（"邵永丰"提供）

风车　木制工具，由摇把、风叶、盛物箱、出口等组成。人们利用人工摇动扇叶产生风力，以吹去芝麻、稻谷中的草屑、杂质、外壳等。

木桶　用杉木制成，圆形，可用于盛水等。"邵永丰"的木桶用于冲洗芝麻杂质，以求

大水缸（胡春有摄）

芝麻纯正、清洁。

大水缸 "邵永丰"现存的这口大缸，衢州俗称"饴糖缸"，从民国时期留传下来，已近百年。此大缸主要用于盛放麦芽糖（即饴糖），这饴糖存放在缸中，盖上盖，密封，可保质一年以上。

笋筐 用竹篾编制的圆形篾制品，中空。邵永丰的笋筐主要用于盛装芝麻及仁料。

木秤 "邵永丰"现存的大木秤，已有近百年的历史，它见证了"邵永丰"的百年演变发展史。邵永丰用这杆秤称面粉、芝麻等原材料。

竹筐与算盘（胡春有摄）

木炭吊烤炉 木炭吊烤炉为烤麻饼的专用器具，由炉灶、龙门架、吊钩、鏊盘、鏊盖、大铁锅和铁桶等组成。炉灶由泥砖搭建而成，是整个吊烤炉的支撑基础。龙门架和吊钩是用铁链

吊烤炉（胡春有摄）

和铁钩组成的吊挂烤炉的用具。鏊盘和鏊盖均为铁制的圆形器具，鏊盘用于盛放烘烤的麻饼。吊烤炉用的鏊，在《康熙字典》中解释是：鏊子是烙烤饼的专用工具。唐人《朝野佥载》中有"熟鏊上炙"之语，可知烤饼的历史之悠久。鏊盖、鏊盘有大中小三种，中号鏊盖直径65厘米左右，中心稍凹，易于放木炭。大铁锅用于放碎木炭火，中间放鏊盘以置饼用；铁桶用于固定大铁锅。"邵永丰"使用两层木炭吊烤炉烘烤麻饼，更酥更香，为全国少见。

鏊杆秤、挂钩　鏊杆秤通过挂钩连接上鏊盖，起到移动上鏊盖的作用。挂钩采用环链，便于灵活操作。

案板（砧板）　关于案（砧）板的记载，最早见于元代关汉卿《望江亭》，距今有着七百多年的历史。"邵永丰"的一块木质大案（砧）板，也叫面板，用于最早期的和面、搓馅、切果仁料、切制糕点、翻晾蒸熟的面粉，以及熬制绵白糖的翻滚。该案板在"邵永丰"已经用了上百年。现今用不锈钢案板代替木案板，既安全又卫生。

木压锤　木压锤用于制糕时的压实之用。

铲子（铁锹）　铲子（铁锹）古时叫锸，是

案板与压锤（胡春有摄）

邵永丰部分传统糕点模具（柯志芬摄）

商代新出现的一种农具，主要用于挖土，有一字形和凹字形两种。邵永丰的铲子主要用于铲炭火、炭灰。

糕点模具 糕点模具由木质材料雕刻各种图案或吉祥文字，用于印制各种糕点，它蕴含着中国的传统文化。一年十二个月和二十四节气，以及结婚、孩子满月、老人祝寿、中秋节等，都可以使用不同内容的糕点模具。"邵永丰"保留下来的部分糕点模具，有元宝、"囍"字、葫芦（寓意福禄）、连年有鱼、八卦、双环七夕等图案和文字。

[肆] 邵永丰传统食品主要品种

衢州邵永丰品牌自清朝光绪年间问世以来，就以生产传统特产麻饼、芝麻糖、冻米糖、芙蓉糕、花生糖等产品而蜚声省内外，而且随着时代的发展和人们生活方式的改变，其生产的食品品种也不断丰富。早在1929年南京博览会上，邵永丰麻饼就荣获"名品佳点"称号。一直以来，邵永丰始终以品质打造信誉，以顾客为朋友，其生产

精致包装的麻饼（"邵永丰"提供）

"忆江南"麻饼（"邵永丰"提供）

的产品深受广大消费者的喜爱。

1.邵永丰麻饼：

邵永丰麻饼是邵永丰传统食品中的主打产品，也是其重要的特色品牌。百余年来，"邵永丰"随着人们生活方式的改变和对绿色健康食品的需求增长，该企业生产的麻饼也从原来的重糖、重油到如今的低糖、清淡、爽口型健康美食，品种不断增多。

邵永丰麻饼制作考究，种类繁多，大小各异，已形成多种皮面、不同馅料，适应不同人群口感的品种。口感有偏甜型、微甜型、清淡型等；制作上有普通型、精制型和特精制型。

目前，邵永丰麻饼的一般规格有25克、50克、500克等多种，还有直径35厘米、重1000克和直径130厘米、重达340公斤的特制大麻饼，即团圆饼，有大圆桌面之大。

邵永丰麻饼以简装为主，盒装为辅，形成多元化的消费群体，成

为中秋佳节等多种礼节中的家庭必备，以及走亲访友馈赠的伴手礼品。

邵永丰麻饼按佐料分，主要为四个种类：

浙式月饼（麻饼）（"邵永丰"提供）

（1）传统油料麻饼（麻沙）。此类麻饼以芝麻、糖（红糖为主）、油为主料，口味注重高糖、高油；入口香甜，甜而不腻。中华人民共和国成立前，邵永丰麻饼一直保持此类高糖高油重口味的麻饼生产。随着时代的发展，逐步改良为低糖（白砂糖、赤砂糖代替红糖）、清淡、少糖、少油麻饼，口感外酥里嫩。

中华好月饼证书（"邵永丰"提供）

（2）传统百果麻饼。此类麻饼以芝麻、核桃仁、西瓜子仁、葵花籽仁、花生仁、橘饼、红绿丝等原料制作而成。该种类麻饼皮薄酥脆，馅足松软。

（3）**传统浙式月饼（邵永丰麻饼）**。"浙式月饼"是"邵永丰"以传统麻饼为基础，以芝麻、椒盐、百果等为馅料制成的中秋节食品，并成为浙江地域性月饼的一个特色品牌。所以，浙式月饼也被称为"邵永丰麻饼"或"衢州麻饼"。

浙式月饼（邵永丰麻饼）以形如满月、饼面金黄、皮薄馅足、油而不腻、口味醇香而著称，象征着阖家团圆，成为中秋节馈赠佳品。

浙式月饼在衢州等地深受百姓喜欢。在各地月饼中，以广式、苏式、京式、滇式为名，而在衢州这座历史文化名城，则保留了起源于汉代，盛行于隋唐的"胡麻饼"为月饼，称麻饼是月饼的始祖。

邵永丰浙式月饼（麻饼）制作考究，种类繁多，已形成多种皮面、不同馅料，适应不同人群口感的品种。

（4）**现代型麻饼**。邵永丰现代型麻饼产品品类可按A松、B酥、C脆、D薄来分。A类有石臼麻沙、百果、木糖醇、椒盐、抹茶、红豆、绿豆、枣泥等麻饼。B类有葱椒盐、蛋黄、火腿、梅干菜、萝卜丝、榨菜等麻饼。C类有芝麻、百果、葱椒盐、火腿、肉松等麻饼。D类有干菜、葱椒盐、芝麻、蛋黄等麻饼。

邵永丰麻饼按人们的用途分，主要为五个种类：

（1）**大团圆饼**：这是根据人们提供的全家总人数大团聚时分享的大麻饼。团圆饼，即用于中秋、节俗的特大麻饼，根据消费者的主题要求进行私人定制，在麻饼表面绘出嫦娥奔月、月兔、中秋快乐

大团圆麻饼（"邵永丰"提供）

等图案，表面再撒上用天然色素染色的彩色芝麻，用饱蘸五彩缤纷的笔，在麻饼上龙飞凤舞，描画着对生活的美好憧憬，书写着对他人对未来的真诚祝愿。

如今，"邵永丰"又创制出家庭现烤组合式大麻饼，称"喜庆合家欢"，还给家庭配制特定的烤炉，为顾客提供现烤麻饼的操作流程手册。

（2）**喜饼：**是人们结婚时用的甜蜜恩爱麻饼。

（3）**寿饼：**为老人祝寿和小孩过生日时用的麻饼。

（4）**大众饼：**是人们平时走亲访友时用的馈赠礼品。

（5）**状元饼：**旧时，只要有考中状元、秀才、举人的，就能到祠堂里领取族长分的麻饼, 称"香饼""状元饼", 以激励青年人上进爱学习。

2.邵永丰其他传统食品:

芙蓉糕: 酥香绵软, 甜而不腻。

红苘苘: 甜而不腻, 香甜软糯。

猫耳朵: 色泽金黄, 酥脆香甜。

茶食: 纯纯的香, 酥酥的脆。

灯草酥: 酥松香脆, 好吃不腻。

麻酥糖: 甜而不腻, 入口酥软。

冻米糖: 米香浓郁, 清甜不腻。

油金枣: 香甜酥脆, 好吃不腻。

葱桃酥: 鲜香酥脆, 健康美味。

骰子糕: 软糯Q弹, 糯而不黏。

开口笑: 外酥内脆, 可口甜美。

麻香桃酥: 入口酥香, 口感香甜。

宫廷桃酥: 酥松香浓, 入口即化。

桂花年糕: 软糯香甜, 一口倾心。

花生糖: 香甜不腻, 脆不黏牙。

南乳方: 外脆里酥, 酥脆绵软。

一口酥: 酥香松脆, 满口留香。

芝麻糖：香甜不腻，酥软香浓。

步步糕：芬芳绕口，余香悠长。

绿豆糕：豆香满溢，清新芳醇。

双环糕：清新香甜，内里紧实。

赤豆糕：软糯可口，入口香甜。

黑芝麻糕：芝香浓郁，好吃不腻。

老式鸡蛋糕：香甜可口，口感绵密松软。

3.邵永丰创新型食品：

邵永丰注重技术研究和创新，有专门的新产品研发团队，重视新工艺、新技术、新标准、新包装推广应用。目前，该公司研发、制作新系列食品有两大类11系列76种产品。

一大类是热加工糕点，有酥类、松酥类、酥皮类、糖浆类、发酵类、烤蛋糕类、烘糕类、油炸类食品。

酥类食品有：芝麻桃酥、花生桃酥、核桃酥、葱香桃酥、海苔桃酥、燕麦桃酥、铁棍山药桃酥、杏仁酥、葱油酥、椒盐麻酥、椰蓉酥、蛋黄酥、肉松酥、腰果酥、葡萄奶皮酥、蝴蝶酥等。

松酥类食品有：千层山药酥糕、核桃糕、瓜子糕、荷花酥糕、南瓜籽仁酥糕、枣泥酥糕、坚果酥糕等。

酥皮类食品有：火腿麻饼、葱椒盐麻饼、蛋黄酥、霉干菜酥饼等。

糖浆类食品有：芡实糕、云片糕、红糖年糕、黑芝麻营养糕、核桃糕、鲜花饼、凤梨酥、围棋饼等。

发酵类食品有：烤面包、山药吐司莲子饼、黄油盐曲奇等。

烤蛋糕类食品有：鸡蛋糕、纸杯蛋糕、方块蛋糕等。

烘糕类食品有：抹茶麻饼、薄脆麻饼、荞麦麻饼、椰子麻饼、麻薯麻饼、黑米麻饼、萝卜丝麻饼、榨菜鲜肉麻饼、芋泥麻饼、桑葚麻饼、麻片糕、椒桃片等。

油炸类食品有：麻花、糯米甜糕、麻球、艾草劲糕、油炸糕等。

另一大类是冷加工糕点，有西式装饰蛋糕类、上糖浆类、糕团类等食品。

装饰蛋糕类食品有：裱花蛋糕。

上糖浆类食品有：冻米糖、玉米酥、番薯糕、神仙米糕等。

糕团类食品有：麻糍、麻薯、青团、年糕、状元糕、糯米糕、重阳糕、绿豆糕、千层糕、桂花糕、黑芝麻糕、黑米糕、玉米糕、红糖米糕、薏米糕、鲜花冰糕、黄米糕、蜂蜜糕等。

浙江邵永丰成正食品有限公司重视芝麻产品的开发，以满足人们的需求。新开发的品种如清淡型芝麻糖、麻酥糖、芝麻糕、芝麻蛋片、黑芝麻年糕、芝麻核桃营养糕、黑芝麻饮等食品，逐渐在市场上推出。

三、邵永丰麻饼承载的人文因素

邵永丰麻饼既是传统的具有独特风味的食品，同时由于麻饼圆圆的形制，以及『芝麻开花节节高』等寓意和人们赋予它的文化内涵，成为一款富有文化的面饼，反映了人们对美好生活的企盼。因此，邵永丰麻饼被人们在行孝祭孔、人生礼仪、生活习俗、岁时节庆中广泛应用，成为弘扬优秀传统文化的载体，承载着诸多的人文因素。

三、邵永丰麻饼承载的人文因素

面食糕点虽然是一种常见的中式食品，然而它饱含了一代代制作艺人的智慧和创造。不仅如此，许多食品还凝结着当地百姓的浓浓乡愁，承载着诸多方面的人文因素。

以邵永丰麻饼而言，它既是传统的具有独特风味的一种食品，同时由于麻饼圆圆的形制，以及"芝麻开花节节高"等寓意和人们赋予它的文化内涵，成为一款富有文化的面饼，反映了人们对美好生活的企盼。因此，邵永丰麻饼被人们（尤其是衢州地区的百姓）视为优秀传统文化的载体，充满深邃的民俗文化内涵，使之承载着重要的人文价值。

比如，在衢州，婚、祭、寿、上梁、祠堂等红白喜事，麻饼都作为主选饼赠送、分发。麻饼是衢州的地方特色点心和馈赠佳品，尤其中秋佳节时，麻饼更是衢州百姓必不可少的赏月供品和送礼佳品。还有除夕、元宵等各个传统节日和二十四节气，也都少不了麻饼作为节日食品而充满情感因素。由此，邵永丰麻饼有了许多好听的名字，诸如喜饼、香饼、长寿饼、添丁饼、满月饼、状元饼等等。

[壹]行孝尊孔的载体

衢州,南孔圣地,知礼重礼行礼是衢州具有独特标识度的文化符号。在"衢州有礼"的文明实践中,孝道文化世代传承,关爱父母长辈、尊老敬老风气浓厚。尊孔祭孔,年年有礼。而邵永丰麻饼和相关食品,被当地百姓作为一种重要的行孝敬老、尊孔祭孔的精神载体,体现着仁礼孝的中华传统文化意蕴。

麻饼和重阳糕成为重阳节行孝之礼物。农历九月初九,是我国民间传统节日——重阳节。在重阳节众多的节日食品中,最为有名、最受大众欢迎的就是重阳糕。据《西京杂记》载,汉代时已有九月九日吃蓬饵之俗,即最初的重阳糕。因为"糕"与"高"谐音,寓意吉祥、高寿,所以重阳节吃重阳糕尤为盛行。

在衢州,每到重阳节,人们就会到"邵永丰"门店购买重阳糕

用寿饼为老人祝寿(沈尔坤摄)

和麻饼。这一天,"邵永丰"门店会排起长队,只见老老小小在给家人购买重阳糕、长寿糕和麻饼。"邵永丰"制作的长寿糕,清

老人祝寿的场景（胡春有摄）

香绵软，入口即化，适合老年人食用。更因为"长寿糕"，有长寿之义，寓意长命百岁，长长久久；麻饼表面的芝麻有"多芝（子）多福"的寓意，送予老人，敬老爱老之心足矣！

大麻饼成为敬寿星的特制寿饼。延年益寿、健康长寿是人们的普遍追求。因此，寿礼在人生礼俗中成为十分重要的礼俗。真正意义上的祝寿礼俗从南北朝开始，"寿"逐渐定性为给长辈祝寿，且相沿成俗，影响至今。在家庭中，小辈们为长辈们祝寿，是孝道文化的直接体现。古时的"寿"，一百岁为上寿，八十岁为中寿，六十岁为下寿。

衢州城乡，为老人做寿自古以来形成风气，是衢州孝道文化的重要体现。如果某家选定日子要为老人祝寿，得先给亲朋好友发出

祭孔大麻饼（柯志芬摄）

南宗祭孔用仁义礼智信大麻饼（"邵永丰"提供）

请帖，宾客收到祝寿邀请后，会为寿星准备贺寿礼。在衢州，这贺寿礼就是"邵永丰"表面以彩色芝麻绘就老寿星或"寿"字的大麻饼以及寿糕，当地称这麻饼为"寿饼"，寓意祝寿老人长寿幸福，长命百岁。祝寿活动结束后，亲朋好友离开时，主人要给宾客回礼，即对前来祝寿的人们分上"寿饼"（即麻饼），每户十只，意寓大家分享高寿，欢欢喜喜、和和美美。

特制大麻饼成为南宗祭孔的"五常"饼。南孔圣地衢州，自南宋以来，在每年的孔子诞生日举行隆重的祭祀孔子典礼。祭孔仪式上，孔氏南宗家庙的孔子大型塑像前，摆放由"邵永丰"特制的五个彩色大麻饼，麻饼上分别彩写有"仁""义""礼""智""信"，称"五常"饼。"仁义礼智信"这"五常"，贯穿于中华伦理的发展之中，成为我国价值体系中最核心的因素。祭孔中的邵永丰麻饼，就成为体现衢州人传承弘扬孔子仁爱精神的特别载体。

[贰]人生礼仪的表征

麻饼，形如满月，色泽金黄，象征团圆与吉祥。因此，在人们结婚、添丁、小孩满月和周岁、成人礼等人生礼仪中，邵永丰麻饼被作为吉祥物，寄托人们对美好幸福生活的向往。

婚嫁礼中的麻饼成为"喜饼"。婚姻礼仪是人生礼仪中最重要、最隆重、最繁复的礼仪。传统婚姻礼仪从周朝开始形成完整的"三书（聘书、礼书、迎书）六礼"。在衢州地区，自古以来，人们重视婚嫁礼仪，而在婚嫁过程中，有许多礼仪环节都离不开用麻饼作为行礼之物。如在纳采礼（即提亲）和问名礼（即合八字）中，媒婆去女方家提亲时，须带着礼物——麻饼、糕点等上门提亲，以示男家大方、家境殷实。在纳吉礼中，媒婆会带上30种有象征吉祥意义的麻饼、糕点等礼物送给女家，告之女家议婚可以继续进行。在纳征（又称过大礼）礼中，男家带着聘金、礼金及麻饼、糕点等聘礼到女方家中；女家也用麻饼、糕点等象征吉祥意义的礼物回礼。在请期（又称

婚嫁复原场景（胡春有摄）

婚嫁中送喜饼复原场景（胡春有摄）

乞日，即男家择定合婚日子后征得女家同意）礼中，男方为表示对女方家的尊敬，也会带上麻饼糕点等礼品一并前往。尤其在迎亲礼中，女家要在桌上摆放麻饼、糕点等食物，等候男家迎娶；新娘陪嫁品中会有麻饼，结婚也要定做写有大红"囍"字的大麻饼（一只30厘米直径的大麻饼）；新郎新娘入洞房时，新郎将新娘红头巾挑掉后，就有喜娘送上麻饼，新娘新郎面对面吃麻饼，寓意甜甜蜜蜜过日子。

用于婚嫁礼的麻饼称"喜饼"，麻饼上有红色"囍"字，那撒在麻饼上密密实实的芝麻，寓意夫妻永相伴、恩爱密不可分，今后多子多福；麻饼口感甜酥，寓意小两口以后的日子过得甜甜美美。

添丁礼中的麻饼成为"香饼"。结婚生子是一大喜事，因此在衢州，许多人家生子添丁后要举办添丁仪式。而麻饼上面满满的芝麻，

婴儿满月礼中以麻饼庆贺的复原场景（胡春有摄）

被人们寓意为多子多福。因此，添丁仪式上要供奉麻饼，人称"添丁饼"，又名"香饼"，意示子孙兴旺，吉祥团圆。添丁仪式上，还要将麻饼分给族群，每家每户，人人有份，表达对生命延续的庆贺，对生命的感恩，对生命的敬畏，对美好生活的祈福，又体现中国礼尚往来的传统美德。

满月礼中的麻饼成为"满月饼"。婴儿满月，在衢州往往要举行满月礼，或办满月酒。满月礼是人生的开端礼，古时一般在满月礼上要给新生儿取名字。古人说："名以正体，字以表德。"名是用来做标志、正名份的。满月礼是给新生儿命名礼仪的基本模式。传统的命名礼庄重、严肃，以此使新生儿得到家庭、邻里、社会的承认，同时也充分蕴含着人们对新生命的美好祝愿，体现了家庭、家族、亲族乃至社会对新生命的关怀和重视。

在满月礼上要举办满月宴，宴请亲朋好友。满月宴上，麻饼作为

孩童出生百日庆贺的复原场景（胡春有摄）

"满月饼"，大大的圆圆的，置于桌上，礼仪宾客，让大家分享喜悦，予以祝福。麻饼皮面上的白芝麻，代表小孩一生清清白白走四方；麻饼内里的黑芝麻，代表小孩一生带财带运享乾坤。

百日礼上的麻饼成为"长命饼"。婴儿出生百日，也称为"百禄""百岁"，衢州等地有为婴儿出生一百天举行庆贺仪式的习俗，蕴含着父母及长辈对幼小新生儿的关爱和美好祝愿，意思是希望孩子能够健康长寿，活到百岁。宋人吴自牧在《梦粱录》中也说："生子百时，即一百日，亦开筵作庆。"这一天，主人大摆宴席宴请亲朋好友，席间主人会送上圆形麻饼，寓意宝宝多福长命，给宝宝带来一生的健康和幸福。来客要送礼，主人要回礼，礼尚往来，用麻饼作为礼品，以此表达对宝宝健康幸福的祝福。

周岁礼中的麻饼成为"满周饼"。周岁是新生孩儿的第一个生日，一般也将其看作诞生礼的结束，因此衢州民间重视孩儿的周岁礼。周岁礼中，有一道比较重要的仪式，即抓周。抓周起源于中国魏晋南北朝时期，婴儿在周岁这天，摆放各种象征物品，随其抓取，以

此来预测其一生的
性情志趣和喜好。

在衢州，孩子周
岁礼这天，主人家要
设筵款待宾客，席桌
上会摆上圆形麻饼供
宾客享用，称"满周

周岁礼上用麻饼宴客的复原场景（胡春有摄）

饼"，寓意宝宝将来能蓬勃发达，终生圆圆满满。亲朋好友要送礼庆
贺，以此表达对宝宝健康幸福的祝福。主人要回礼，也是用麻饼作为
礼品。

[叁]生活习俗和民间信仰的标识

在衢州地区，人们造新屋上梁和乔迁新居时，都以麻饼作为吉
祥物，在相关民俗事项中予以应用。另外，古代进京赶考的书生以
麻饼为干粮，一路充饥行走；人们祭天时也用麻饼作为祭品，麻饼
成为生活习俗和民间信仰中的一种文化标识。

麻饼成为新屋上梁和入住新宅的吉祥物。过去农村的房屋大多
是用木头建造的，榫卯结构，穿拼架屋，等到中堂大梁架起，一座房
屋木作构架基本完成，也表示一幢新屋落成。因此，民间对房屋正
梁上梁特别讲究，都要举行隆重的上梁仪式。

据我国相关史料记载，建房上梁举行仪式始于魏晋时期，到明

清时期已普及到全国各地。建房上梁礼仪实际上是一种求吉礼仪，人们举行这些礼仪的目的是祈求房屋永固、富贵长久、子孙满堂。在衢州地区农村有句俗语："房顶有梁，家中有粮；房顶无梁，六畜不旺。"

在衢州，上梁用的吉祥物中必有寓意团团圆圆、芝麻节节高的邵永丰麻饼。上梁仪式开始后，先由匠人将麻饼、果品等食品用红布包好，边说吉利话边将布包抛入由主人双手捧起的箩筐中。这个仪式称为"接包"，寓意接住财宝。上梁仪式最热闹的场面是"抛梁"。当主人"接包"后，匠人便将邵永丰麻饼、糕点及糖果、花生、铜钱、米粉做的"金元宝"等从梁上抛向四周，让前来看热闹的男女老幼争抢，抢的人越多主人越高兴。此举称为"抛梁"，意为"财源滚滚来"。在"抛梁"时，匠人还要说吉利话，他们常说："抛梁抛到东，东方日出满堂红；抛梁抛到西，麒麟送子挂双喜；抛梁抛到南，子孙代代做状元；抛梁抛到北，囤囤白米年年满。"

新屋建成后，主人要选黄道吉日入宅，即迁入新宅，又称"进屋""归

入住新屋时用麻饼作为贺礼（柯志芬摄）

屋"。无论是古代还是现代，入新宅都是人生一大重要的喜事。多数
人入新宅时会举行仪式，上香祭祖、开火（点火）或放鞭炮等，希望
能宅运亨通，有吉祥兆应。举行入宅仪式当天，新屋主人要宴请长
辈、兄弟、亲友共庆乔迁之喜，亲友则依例要馈赠各种贺礼。贺礼多
为家庭实用品及能带来美好寓意的麻饼、糕点等，以借其谐音祝主
家发家致富、多子多孙、步步高升、汇纳福气、旺盛家运。而新屋主
人在盛宴款待亲朋好友时，席桌上必摆放喜饼（麻饼）、糕点，共庆
乔迁之喜。麻饼、糕点作为礼的载体，贯穿于上香祭祖、亲属贺礼、
席间享礼、主人回礼等整个入宅仪式中，体现同贺之喜。

麻饼成为激励学子上进和赶考的优选食品。自从隋朝开创科举
以后，平民阶层也可以通过乡试、会试，展示自己才华，若能榜上有
名，便能跻身仕途。因而读书，也成了普通百姓一条发家致富之路。
有很多人在家里寒窗苦读多年，只为了一朝能够得中，光耀门楣，改
变命运。条件稍好的人家，会给考生准备麻饼、糕点作为读书的点
心，为考生补充能量，能更专注学习。所以麻饼和糕点就成了学子伴
读的优选食物。

旧时，在衢州乡村，凡学子考试成绩优秀，村里的族长会在祠堂
里给优秀学子的父母分发麻饼，奖励他们教子有方。

在古代，考生参加乡试、会试，要跋山涉水去赶考。古代交通不
便，家庭条件好的考生有舟车乘坐，条件差的要靠步行到省城或京

学生用"邵永丰"特制的麻饼表达对老师的敬爱（柯志芬摄）

城参加考试，路途少的耗时月余，多者数月甚至半年。因此，考生需带足盘缠和食品，而麻饼、糕点既有足够的营养，又不易坏，耐放能充饥，所以麻饼成了众多考生的首选食品。

在当代，每到教师节之际，衢州的中小学生们会用"邵永丰"特制的大麻饼，表达他们对辛勤培育的老师的尊敬之意，感谢园丁们给予他们知识，教育他们成长。一块块大麻饼承载了人们尊师重教的传统美德。

麻饼成为祭天的一道祭品。在科学不发达的时代，人们认为天乃是万物之主，有主宰一切的权力。故而，几千年来，无论是王侯将相还是平民百姓，都以种种方式祭祀天地。在衢州农村，遇到天旱和水灾之年，乡民会举行祭天仪式，表达向上天祈求风调雨顺、丰衣足食的愿望。祭天礼主要过程包括迎神、行礼、进俎、初献、亚献、终献等。在整个仪式中，会架设

古代祭天时以麻饼为祭品的复原场景（胡春有摄）

"天公桌"（天台），即是以一神桌置于数条长凳之上，使之看起来更高，并铺上桌布。"天公桌"上的祭品不得摆设荤食，以素饼、素食、糕点为主。因此，在旧时，麻饼往往成为祭天的一道祭品，寄托人们祈求天公作美、五谷丰登的强烈愿望。

[肆] 节庆文化的物象

衢州人重节庆，每每节日有礼仪。尤其是我国春节、端午、中秋、重阳等传统节日，以及立春、清明、立夏、立秋、立冬等二十四节气时，衢州人都会把邵永丰麻饼等相关传统食品作为节庆文化的代表性物品，以表达人们对大自然的敬畏之心和祈求生活美满的心愿。

传统节日中的"邵永丰"食品。春节，衢州人叫"过年"，是一个传统的民俗大节，有扫尘、贴春联、贴窗花和守岁、吃年夜饭、拜年

等习俗活动。在古时,衢州过年家家户户杀年猪、宰鸡鸭、包粽子及压冻米糖、芝麻片、花生糖和打年糕等备办年货。如今,家家户户都到百年老店"邵永丰"购买这些年货。过年时,亲友互相拜年,要互赠礼品,衢州旧谚云:"拜年拜得健,拜到正月廿。"而"邵永丰"的麻饼、红糕、芙蓉糕、油金枣、鸡蛋糕等特色糕点,是人们过年访亲拜年时作为"礼"的载体,更是人们亲情、友情的见证。

元宵节,衢州有吃汤圆、逛古街、猜灯谜、舞龙狮、踩高跷等活动,小孩提着灯笼满街跑。元宵汤圆,象征合家团圆美满,元宵节吃汤圆意味着在新的一年里合家幸福、团团圆圆。"邵永丰"的汤圆是元宵节畅销的食品。"邵永丰"汤圆自清代以来,既保持传统,又不

邵永丰麻饼在传统节日习俗中被广泛应用的场景展示(胡春有摄)

断创新，人皆爱之。"邵永丰"汤圆品种多样，其中干吃汤圆、彩色汤圆、芝麻馅汤圆、豆沙馅汤圆、笋干肉丁馅汤圆最为抢手。

清明节有不少节日风俗食品，衢州地方兴清明吃清明粿。清明粿的皮是用艾叶或原皮做成的，再配以馅包制而成。一般以春笋、肉、豆干、雪里蕻咸菜或豆沙、芝麻糖为馅。这些食品本来是清明祭祖用的，后来也成为人们日常食用的点心。

衢州包清明粿历史悠久，"邵永丰"清明粿、清明团在传统的制作基础上进行创新改良，采用彩色植物原料，如青色（艾草、麦苗）、紫色（紫薯粉）、黄色（玉米粉）、黑色（芝麻粉）等彩色清明粿、清明团，色彩诱人，各有风味，一度风靡各大商场超市、实体店，人们排队购买，成为节日的一道风景。

农历五月初五，民间俗称"端午节"，它是中华民族古老的传统节日之一。在衢州，端午节除了吃粽子和"五黄"，还要吃"邵永丰"制作的绿豆糕、茶食等。《本草纲目》里记载：用绿豆煮食，可消肿下气、清热解毒、消暑解渴、调和五脏、安精神、补元气、滋润皮肤。因此，"邵永丰"的绿豆糕成为衢州市民过端午节的风行食品。

农历七月初七，民间称"七夕节"，又称乞巧节、七姐节、女儿节、七娘会、牛公牛婆日等，是中国民间的传统节日。七夕节由星宿崇拜衍化而来，为传统意义上的七姐诞，因拜祭"七姐"活动在七月七晚上举行，故名"七夕"。民间有少妇、女孩在这天傍晚祭星乞巧仪式,用麻饼等食品祭织女星,乞求织女赐巧。现在的七夕节又被称为情人节、相亲节。这天,年轻人相会、赠送鲜花,还要赠送中式糕点,包括一盒七夕糕、薄荷糕、桂花糕、双环糕、麻花、相思饼,来表达爱情,以示有情人终成眷属。

中秋节为团圆节,是中国民间的重要传统节日。衢州人过中秋节时,邵永丰麻饼成为重要的节日食品和礼品。中秋节是人们对"月神"的一种崇拜,以月之圆兆人之团圆,象征花好月圆,家庭和睦;又以圆月寄托思念故乡、思念亲人之情,祈盼团圆、幸福。因此,衢州地区有中秋拜月亮婆婆的仪式。人们在树下摆上一盘麻饼,插上三炷香,跪地向天磕三个头,思念着远离家乡的亲人,祈祷他们早日平安返回家园。人们用圆圆的麻饼寄托思乡、思念亲人之情。另外,衢州人在中秋时节赏月、团聚时,往往将麻饼作为首选礼孝敬长辈,以麻饼寓意团团圆圆。

吃月饼也是衢州人过中秋的重要事项。从唐代以来,衢州人盛行吃胡麻饼,后来就吃以胡麻饼为渊源的邵永丰麻饼。尤其是特制的大麻饼,即团圆饼,更受衢州人中秋节时喜爱。如今,"邵永丰"将月饼的前身"衢州麻饼"发展为多种馅料的"浙式月饼"(麻饼),除衢州外,还销往省内外,成为浙江富有特色的中秋月饼。

有趣的是,衢州人在中秋节时,即便已经买了广式、苏式月饼,麻饼还是必不可少地要买上一些,似乎这才像个过中秋节的样子。

有些"老衢州"还独独钟爱吃食邵永丰麻饼，仍然保留有"立春吃春糕，中秋吃麻饼"的习惯，说还是麻饼吃起来最香。因此，在每年的中秋佳节到来之际，"邵永丰"水亭街门店日夜人头攒动，购买中秋浙式月饼（邵永丰麻饼）者络绎不绝。

中秋月饼（大麻饼）（"邵永丰"提供）

中秋节，"邵永丰"分享麻饼（"邵永丰"提供）

然而在物资匮乏的年代，要想吃月饼（麻饼）却是一件很不容易的事。那时盼星星盼月亮所得到的麻饼，吃起来特别的香甜。

衢州人称除夕为"年三十夜"，也叫"过年"。在《中国谚语集成》一书中，收录的衢州过年谚语为："过年过年，忙点吃吃。"每年过年除了吃鱼吃肉，吃邵永丰麻饼也是衢州人的传统。吃年夜饭时，在桌子上摆上邵永丰圆圆的麻饼、糕点，再有一桌丰盛的菜肴，一家人围坐一桌，象征圆圆满满、和和美美，也寓意芝麻开花，一年更比一年高。

由此可见，一只小小的麻饼，并非是单纯的美食，而是一种礼俗化、生活化的文化食品。正因为邵永丰麻饼与衢州人的生活方式密切融合，渗入到衢州百姓生活的方方面面，所以才拥有如此传承发展的不竭活力。

二十四节气与"邵永丰"食品。邵永丰麻饼等传统食品在我国二十四节气时也被作为节令食品而赋予丰富的民俗含义。如立春时节，"邵永丰"的"春饼"即萝卜丝麻饼、一口酥饼深受欢迎。"邵永丰"春饼有甜、咸、辣味三种，适应不同口味的顾客需要。衢州有谚语："吃了立春饼，上下通气身体好。"

雨水是二十四节气中的第二个节气。进入雨水节气，气温变化大，南方大多数地方依然寒冷，是人最容易感冒的时节。因此，衢州人在这个节气中会吃"邵永丰"的红枣麻饼和春笋雪菜麻饼，以驱寒增暖。

二十四节气与邵永丰麻饼（"邵永丰"提供）

立夏时节，一些地方

举行送春迎夏仪式,送走春姑娘,迎接夏季的到来。立夏节时,小麦登场,衢州地区的人们会购买"邵永丰"的立夏饼、面麦饼等,大家围坐一起,品面饼,话丰收,其乐融融。

二十四节气中的小满,是夏季的第二个节气。小满是炎热夏季的开始,人们会注意度夏养身。衢州人在小满节气有吃南瓜花饼、苋菜饼之俗。

芒种时节,农业生产正处于"夏收、夏种、夏管"的"三夏"大忙季节。在衢州地区,有芒种时节吃鸡蛋习俗,以补身子。因此,这时节,"邵永丰"的芒种茶饼、绿豆糕、茶叶蛋,成为衢州人们喜爱的食品。

小暑、大暑节气时,"邵永丰"的仙草凉糕、水晶糕、莲子糕、清凉薄荷糕等成为人们消暑的大众食品。

冬至既是我国二十四节气中一个重要节气,也是中华民族的一个传统节日。冬至俗称"冬节""长至节""亚岁"等。早在二千五百多年前的春秋时代,我国就已经用土圭观测太阳在黄道运行,测定出了冬至节气的交接时辰。故民间有"冬至不出年外"的说法。

古人对冬至的说法是:阴极之至,阳气始生,日南至,日短之至,日影长之至,故曰"冬至"。自冬至起,天地阳气开始兴作渐强,代表下一个循环开始,是大吉之日。历史上,皇帝要于此日祭天,群臣也互相祝贺。此习俗一直延续至清代,成为在冬至日必须举行的一种仪式。

在衢州地区，人们对冬至也一直很重视，作为一个仅次于春节的重要节日，民间有"冬至大如年""冬至如小年"的说法。还有"邋遢冬至干净年，干净冬至邋遢年"的气象谚语，表示要预知过年（春节）的天气，就得看冬至，如果冬至有雨雪，那么过年一定放晴；反之，要是冬至是朗朗晴空，那么春节就会有雨雪霏霏了。

衢州人的冬至习俗中，有"有得吃，吃一夜，呒（没）得吃，冻一夜"的俚语。意思是过冬至夜在旧时非常流行，富裕人家要准备最好的菜肴，全家人欢聚一堂，痛痛快快地吃一夜，而穷苦人家只能挨一夜冻。

在衢州过冬至节，家家户户都要吃"邵永丰"的糕点，品种有麻饼、麻球等，以祈福来年生活步步高，家和万事兴。因此，"邵永丰"的糕点在冬至时生意特别红火。小小糕点，成为人们追求美好生活的寄托和象征。

四、邵永丰麻饼制作技艺的传承传播

邵永丰麻饼制作技艺的传承，从清代至今已经历了百余年的传承历史。其传承方式除主要以师徒传承外，还开展群体性传承和社会性传承，扩大了传承群体，增强了传承活力，使这份宝贵的非物质文化遗产鲜活地留存至今，并不断焕发出新的光彩。

四、邵永丰麻饼制作技艺的传承传播

　　邵永丰麻饼制作技艺从清代至今，已经经历了百余年的传承，一代代传承人坚持发扬守正创新的精神，固守传统核心技艺，努力创新工艺技能。在传承途径上，除了师徒传承外，不断开拓传承渠道，增添传承方式，扩大对外传播路径，逐步形成师徒传承、群体性传承、社会性传承等传承方式共存的局面，扩大了传承群体，增强了传承活力，使这份宝贵的非物质文化遗产仍旧鲜活地留存至今，并焕发出新的光彩。

［壹］传承方式与传承谱系

　　邵永丰麻饼传统制作技艺是一门纯手工操作的手艺活，全凭制作艺人的实践和经验积累，手艺随人，技艺在人。因此，自从清代末期"邵永丰"品牌创立以来，其技艺在民间麻饼制作艺人一代一代传承中，都是须经过拜师仪式，由师傅手把手地传艺。如今，除了师徒之间传承之外，还通过培训等多种方式扩大传承渠道，培养传承群体，从而使邵永丰麻饼制作技艺在更加广泛的层面上传承发展。

1.传承方式

　　师徒传承方式。邵永丰麻饼等食品制作技艺的传承，在中华

师傅手把手带徒弟（陈水鑫摄）

人民共和国成立前，基本上都是采取拜师学艺，以师带徒的方式，从而使技艺代代相传。这种传承方式，大多是师徒之间一对一的传承。徒弟向师傅学艺，须有中间人介绍，择日举行拜师礼，送上拜师帖，祭拜行业祖师爷。师傅回赠信物，对徒弟予以赠言。拜师学艺一般三至四年满师，有的还要伴作一至二年或更长时间才能出师，开始独门操作。清代末期，"邵永丰"品牌创始人邵芳恭和老炳炎，就是拜制饼师徐大丰为师学艺，学成后独立门户。

中华人民共和国成立后，邵永丰麻饼制作技艺仍以师徒传承为主，如邵芳恭、老炳炎以师徒传承方式，将麻饼制作技艺传授给汪四涵、陈海潮、刘娥倪等人。

师傅传授麻饼吊炉烘烤技艺（"邵永丰"提供）

改革开放以后，邵永丰仍以师徒传承方式为主进行传艺。老炳炎、汪四涵、陈海潮、刘娥倪四位师傅，将邵永丰麻饼制作技艺传授给了徐成正。之后，徐成正先后收周土根、占有兴、郑肖芳、吴建明、柯志增、徐昌波等为徒弟，手把手地传授，从而使邵永丰麻饼制作技艺代代相传。

群体性传承方式。群体性传承，是指通过多人参与的麻饼制作技艺培训，由师傅一人或几人将技艺传授给多人的一种传承方式。这种传承方式主要是在系统内以业务骨干为主体进行传承，可以实现在一个时段内多人同时获得相关知识和技艺。

近年来，浙江邵永丰成正食品有限公司通过对公司员工和下属分店、加盟店员工的业务培训，建立群体性传承队伍，至今有上百人成为邵永丰麻饼制作技艺的重要传承群体和传承力量。

社会性传承方式。社会性传承，是指浙江邵永丰成正食品有限公司以代表性传承人为主要传授和引领者，通过传承学校、研学基地等渠道，向社会人群传授麻饼制作相关知识和技艺的一种传承方式。这种传承方式属启蒙式传承，以增强社会群体对邵永丰麻饼制作工艺的了解，并通过亲身体验，初步认知其制作过程。

2006年以来，"邵永丰"开设业余传承学校，建立麻饼制作研学基地，接待社会人群。同时，由麻饼制作技艺省级非物质文化遗产代表性传承人徐成正，对参加传承学校学习和研学人员进行传授和指导。目前已经有四百余人初步掌握麻饼制作技艺。

2.传承谱系

邵永丰麻饼是古代胡麻饼的延续与发展，汉唐以来经历了无数艺人的代代相传。因古代传承谱系缺乏相关记录资料，至今难考，故邵永丰麻饼制作技艺传承谱系，着重从清代末期创立"邵永丰"品牌记起，直至当今，分代如下：

第一代：徐大丰（1848—1921），衢州上营街古城边人，师承关系不详。他精于麻饼等中式面点制作的全套工艺，在衢州城开设面饼店，所制麻饼在衢州颇有声名。在其后期，将麻饼制作技艺传授给邵芳恭、老炳炎等。

第二代：邵芳恭、老炳炎。邵芳恭（1876—1958），江山县（今江山市）清漾人，为学手艺，从小到衢州城拜徐大丰为师，学习麻饼制作技艺。经过师父传教，他掌握了麻饼制作全套工艺，学成后独立门户，在麻饼上麻和烘烤工艺上有所创新。

老炳炎（1878—1959），衢县（今衢州市柯城区）上街五圣巷人，师承徐大丰，对传统麻饼制作有独到的技艺。

邵芳恭和老炳炎二人是"邵永丰"品牌的初创者和弘扬者，于清光绪二十二年（1896）在衢州坊门街创立"邵永丰"食品品牌。从此，在他们的经营下，邵永丰麻饼的影响力逐渐扩大。

第三代：汪四涵、陈海潮、刘娥倪。汪四涵（1924—1995），衢县人，17岁进入"邵永丰"，师承老炳炎，之后成为"邵永丰"的老一辈饼师，并与其他两位同门在20世纪70年代退休，后受"邵永丰"之邀，回店传授技艺于新学徒，一生兢兢业业于麻饼制作和技艺传承。

陈海潮（1926—1989），衢县人，15岁进入"邵永丰"，师承老炳炎，与汪四涵、刘娥倪为同门学艺者，也是"邵永丰"出名的制饼师，并为邵永丰的发展壮大发挥了重要的作用。

刘娥倪（1927—1998），衢县人，15岁进入"邵永丰"，师承老炳炎，与汪四涵、陈海潮同门，共同学习邵永丰麻饼制作技艺，是"邵永丰"出名的饼师，并与汪四涵、陈海潮一起，共同培养出"邵永丰"第四代传人徐成正。

第四代: 徐成正, 1962年出生, 衢州市柯城区上营街人, 17岁进入"邵永丰"学艺, 师承汪四涵、陈海潮、刘娥倪。在三位师傅的精心传授下, 学艺六年, 完全掌握麻饼制作从配方、配料到分团、包馅、上麻、烘烤等整个工艺过程, 成为新时代邵永丰麻饼制作技艺传承发展的重要核心人物, 并带徒传艺。

第五代: 周土根、占有兴、郑肖芳、吴建明、柯志增、徐昌波。周土根, 1960年出生, 江山市峡口镇人, 1994年到"邵永丰"工作, 现已离职。占有兴, 1971年出生, 江山市峡口镇人, 1992年到"邵永丰"工作, 现已离职。郑肖芳, 1974年出生, 江山市江郎山镇人, 1992年到"邵永丰"工作。吴建明, 1981年出生, 衢州市衢江区大洲镇人, 2007年到"邵永丰"工作。柯志增, 1989年出生, 衢州市衢江区全旺镇人, 2008年到"邵永丰"工作。徐昌波, 1971年出生, 江山市峡口镇人, 2020年到"邵永丰"工作。占有兴、郑肖芳、吴建明、柯志增、徐昌波, 均师承徐成正和周土根, 基本掌握麻饼制作技艺的主要环节和核

邵永丰麻饼制作技艺在代代相传中传承发展(沈尔坤摄)

心技艺，成为"邵永丰"年轻一代的麻饼制作骨干力量。

此外，浙江邵永丰成正食品有限公司还拥有一批生产一线的技术人员。这些技术人员中的大多数人员已经掌握麻饼制作技艺，以及双面上麻和吊炉烘烤等难度较大的工艺，并积极通过非遗进校园、参展、研学、旅游体验等，参与该技艺的传承和传播。

［贰］代表性传承人

目前，浙江邵永丰成正食品有限公司拥有麻饼制作技艺省级非物质文化遗产代表性传承人一名，市级非物质文化遗产代表性传承人两名。这些代表性传承人是众多麻饼制作艺人的代表，他（她）们经过师傅的传授和自身的刻苦实践，便成了邵永丰麻饼制作技艺

邵永丰麻饼制作技艺省级非物质文化遗产代表性传承人徐成正（陈水鑫摄）

技能的承载者，还拥有麻饼制作的绝技绝活。

省级非物质文化遗产代表性传承人徐成正。男，1962年9月出生于现在的衢州市柯城区上营街。他17岁那年，怀着学一门手艺的志向进入邵永丰面饼店，虚心求教于汪四涵、陈海潮、刘娥倪三位面饼制作老师傅。在三位师傅耐心传授下，他刻苦学习，认真钻研，反复实践，不懂就问。经过六年的拜师学艺，徐成正完全掌握了邵永丰麻饼制作的核心配方、配料和全套制作技巧，并在传承实践中掌握了麻饼制作工艺中"飞饼上麻""跳饼""双面烘烤""芝麻彩绘"等绝技绝活。

改革开放后，"邵永丰"经历了多次体制改革，他始终坚守初心，特别是在2000年"邵永丰"品牌面临退出市场的关键时刻，徐成正勇于面对企业生存的困难，毅然决然扛起"邵永丰"品牌的大旗，并注册了"邵永丰"商标，使"邵永丰"这个百年品牌在新时代持续传承并得以发扬光大。

徐成正展示飞饼上麻技艺（沈尔坤摄）

2001年，徐成正担任邵永丰成正食品厂厂长。2013年，取得香港财经学院工商管理硕士学位。同

徐成正展示炭烤麻饼技艺（陈水鑫摄）

年，任衢州市邵永丰成正食品有限公司董事长。2014年，在企业改制中，徐成正担任浙江邵永丰成正食品有限公司董事长。在他成为新一代"邵永丰"掌门人后，带领"邵永丰"员工一起攻难关、闯新路、拓市场，使企业在艰苦创业中逐渐发展壮大。2006年，衢州"邵永丰"获得"中华老字号"称号；2007年，邵永丰麻饼制作技艺被列入浙江省非物质文化遗产代表性项目名录；2021年，邵永丰麻饼制作技艺被列入第五批国家级非物质文化遗产代表性项目名录扩展项目名录。

徐成正在坚持自身麻饼制作实践的同时，积极带徒授艺，先后培养学徒周土根、占有兴、郑肖芳、吴建明、柯志增、徐昌波等二十

徐成正被聘为全国工商联烘焙业公会专家委员会委员（"邵永丰"提供）

徐成正被认定为省级非物质文化遗产代表性传承人证书（"邵永丰"提供）

余人；培养社会性传承人二百余人；在高校、中小学校开设讲座，传播传统饮食文化。还通过展会、分店及媒体报道等，推动麻饼制作技艺在国内外的交流和传播，为传统麻饼制作技艺的传承传播做了大量卓有成效的工作。2007年，徐成正被浙江省文化厅（今省文化和旅游厅）认定为浙江省第一批非物质文化遗产"邵永丰麻饼制作技艺"代表性传承人。2009年，获得"浙江省非物质文化遗产保护十大新闻人物"称号。2013年，他代表中国企业参加南非五国金砖峰会，在峰会期间受到习近平总书记的亲切接见。

为了扩大"邵永丰"的生产规模，更加广泛地传承传播邵永丰麻饼制作技艺，徐成正以改革创新的思路，征用土地，建造麻饼等传统食品生产基地，开设邵永丰麻饼手工技艺博物馆、学生研学基地、麻饼制作工业旅游示范基地等，大力推进文旅融合发展，促进优秀传统文化创造性转化、创新性发展，让百年老店"邵永丰"在新时代焕发新的生机活力、让传统麻饼融入当代人的生活做出了突出贡献。

市级非物质文化遗产代表性传承人柯志增。男，1989年出生，衢州市衢江区全旺镇人，师承徐成正，是邵永丰麻饼制作技艺第五代传承人。柯志增至今从艺14年，完整掌握邵永丰麻饼制作技艺的食材处理、和面搓馅、揉团分只、包馅催饼、双面上麻、吊炉烘烤、芝麻彩绘等全套工艺和配料、上麻等核心技艺，尤其拥有飞饼上麻、双面烘烤等绝技绝活。他能完成从麻饼制作材料处理到成品包装的百余道工序，并在实践中努力做到精益求精。他在坚持麻饼制作基本生产实践和传承技艺的同时，积极参加进校园进社区传授活动，以及省区市组织的非物质文化遗产公益性

柯志增在公益性活动上展示飞饼上麻技艺（陈宏伟摄）

郑肖芳展示麻饼双面上麻技艺（洪晓玲摄）

展示展演，为扩大邵永丰麻饼制作技艺的社会影响度发挥了积极作用。2019年12月2日被衢州市文化广电旅游局认定为第三批衢州市非物质文化遗产代表性项目代表性传承人。

市级非物质文化遗产代表性传承人郑肖芳。女，1974年出生，江山市江郎山镇人。1991年进入邵永丰食品厂学艺，师承徐成正，是邵永丰麻饼制作技艺第五代传承人。郑肖芳至今从艺30余年，对麻饼制作从材料处理到成品的百余道工序都能基本掌握，同时在柯志增的带领下能完成邵永丰麻饼制作上麻16招式技艺。2018年参加浙江省妇女联合会、浙江省餐饮行业协会联合举办的"巧手美食"活动获得"巧手美食奖"。2019年12月在浙江旅游职业学院参加浙江省非物质文化遗产传承人培训班。2021年7月8日被衢州市文化广电旅游局认定为第四批衢州市非物质文化遗产代表性项目代表性传承人。

[叁]社会性传承群体

在邵永丰麻饼等传统食品制作技艺的传承人群中，除了目前有省级、市级非物质文化遗产代表性传承人之外，还有一批在一线实际操作的工人，以及一批社会性的传承群体。

浙江邵永丰成正食品有限公司，是邵永丰麻饼制作技艺的主要传承团体。自从清光绪年间创立"邵永丰"品牌以来，尤其是2001年改名为邵永丰成正食品厂以后，"邵永丰"商标的正式注册，为传承和发扬邵永丰麻饼文化奠定了良好基础。2014年浙江邵永丰成正食品有限公司的建立，以及公司规模化生产基

"邵永丰"开展员工技能比赛（柯志芬摄）

"邵永丰"员工技能培训后的传承人实践表演（柯志芬摄）

地的建造，为邵永丰麻饼制作技艺的传承创造了优质的条件。目前该公司拥有员工129人，其中20余名技术骨干坚守在传承实践第一线。公司通过技术培训、选送进修、技能比武等途径，不断提高员工的麻饼制作技能，提高他们的传承能力，成为邵永丰麻饼制件技艺传承传播的重要力量。

公司还较早建立党支部，书记郑建文发挥党建引领和党员模范带头作用，促进项目传承。正是一代代"邵永丰"人的不断传承实践活动，使麻饼制作技艺接续不断，并在传承中创新发展。

该公司在加强公司基地员工的业务训练的同时，还加强对下属分店和加盟店人员的技能培训、业务交流，从中培养一批业务骨干，成为邵永丰麻饼制作技艺的重要传承群体。

除了邵永丰公司及其分店，还有一些社会上麻饼制作艺人，他们通过传承学校、研学基地等渠道，纷纷向麻饼制作代表性传承人

社会性传承群体中涌现一批掌握高技能的人才（"邵永丰"提供）

社会性传承群体中的个人表演（"邵永丰"提供）

和骨干艺人学习麻饼制作技艺,成为麻饼制作技艺的社会性传承群体,目前至少有四百余人。

此外,"邵永丰"还在麻饼制作手工技艺博物馆内,开设邵永丰麻饼手工技艺传承学校,为有志于保护和传承这一非遗技艺的年轻人提供了正统、正规的习艺环境。培训学校面向省内外招生,免收学费,采取师传徒、一传众、边学边实践的办学模式。

[肆]体验式传播

浙江邵永丰成正食品有限公司在对其传统技艺的传承中,还十分注重做好邵永丰麻饼文化和传统技艺的对外传播工作,在传播中促进传统技艺的传承和弘扬。

浙江邵永丰成正食品有限公司通过设立胡麻饼文化连环画长廊、非遗课堂、非遗体验区等宣传研学实践基地,以及在学校开设麻饼制作课程等,让社会群众和学生在参观体验邵永丰麻饼历史渊源和制作过程中,了解千年胡麻饼历史文化,特别是民以食为天

"邵永丰"经常开展传统文化进校园活动(郑永康摄)

徐成正在衢州学院讲述"邵永丰"奋斗历程("邵永丰"提供)

的美食文化知识，体验传统美食制作，感受地方特色非遗的非凡魅力，以及传统工匠精神和相关技艺的传承过程，从中培养青少年保护和传承传统文化的责任感和使命感。

从2007年起，"邵永丰"在衢州市柯城区鹿鸣小学、衢州新星小学等学校设立邵永丰麻饼制作技艺传承教学基地，开设麻饼文化和制作技艺课，给学生讲授胡麻饼的历史、"邵永丰"的经历、邵永丰麻饼的历史渊源及制作技艺等内容，让学生认知和热爱地方特色食品及其文化内涵。其中鹿鸣小学被省教育厅、省文化厅（今文化和旅游厅）命名为省级非物质文化遗产传承教学基地。

2019年12月，浙江邵永丰成正食品有限公司研学基地被省教育

传承人向研学的学生展示麻饼制作技艺（应高强摄）

厅认定为省级非遗研学基地。

2020年，邵永丰与衢州市中小学生社会实践基地学校合作，将邵永丰麻饼传统制作技艺融入学生社会实践的研学活动。该研学活动平均每周开展二次，每月不少于6～8次，接待人数每场次80～100人不等。邵永丰麻饼制作技艺传统研学活动有参观麻饼制作技艺博物馆、体验麻饼原料制作、体验麻饼制作技艺、体验麻饼古法炭烤技艺等体验研学课程。至2021年年底，共接待学生30余批次，接待研学学生9200余人次。

2021年9月的一个周末，《衢州晚报》小记者来到"邵永丰"水亭门展示中心，由掌门人徐成正为小记者们讲解中秋传统文化、民俗活动等，并让学生现场体验制作麻饼、品尝麻饼，感受与品鉴衢州的非物质文化遗产魅力。就这样，2021年，通过当地教育局及衢州市中小学生社会实践基地学校对接，接待全国各地中小学生300余批，每

麻饼制作技艺传承人进校园传播（柯志芬摄）

学生进行麻饼制作体验活动（"邵永丰"提供）

批150人次左右，共约5万人次。

2022年1月至8月，通过与当地教育局及20余家旅行社、衢州市中小学生社会实践基地学校对接，接待全国各地中小学生参观体验研学20余批，每批150人左右，共3200余人次。

"邵永丰"通过这些体验式的研学活动，让中小学生在自己动手制作麻饼的过程中，体验到"邵永丰"的"衢州麻饼"独特的传统制作工艺，尤其对双面上麻、白炭炉烘烤绝技绝活，通过观看，入心入脑，感受到邵永丰麻饼不仅是一份地道的传统美食，更承载着一段荡气回肠的历史，从中感悟到劳动的艰辛，感悟到劳动人民的智慧和创造力，使他们从小就对邵永丰麻饼留下深刻的印象。

[伍] 融入旅游传播

衢州是一座具有深厚历史积淀的古城，更是南孔圣地，一直是国内外旅游的重要目的地。2000年以后，随着文化与旅游业融合发展的步伐不断加快，"邵永丰"凭着它传统的手工作坊和手工技艺的独特性，依托衢州旅游业的良好基础，使之成为发展工业旅游的优势资源。2007年，"邵永丰"

"邵永丰"成为省工业旅游示范基地（柯志芬摄）

在衢州市柯城区上营街34号的成正食品厂，成功创建为省工业旅游基地。该基地占地1700多平方米，建筑面积3527平方米，有展示厅、体验区、文化长廊、水碓、风轮车、庭院接待中心、餐饮等。2013年，因水亭街区改造，该工业旅游基地搬迁至衢州市柯城区万田乡张庄村188号。新基地占地17亩，建筑面积11355平方米，集工业旅游观光、研学、培训、博物馆参观于一体，有标准化生产流水线、体验中心、购物中心、餐饮接待等配套设施，成为具有多种功能的综合型工业文化旅游基地。

接待参观中传播麻饼制作技艺（柯志芬摄）

旅游团队参观体验麻饼制作（柯志芬摄）

浙江邵永丰成正食品有限公司在加强旅游基地硬件建设的同时，积极加强传统技艺和相关实物的宣传展示，增强旅游的文化内

旅游团队体验传统糕点制作（胡春有摄）

旅游参观者体验麻饼上麻技艺（胡春有摄）

游客在体验中享受快乐（"邵永丰"提供）

外国游客品尝邵永丰麻饼（董涛摄）

涵，增强对游客的吸引力。

2021年12月20日，"邵永丰"被认定为浙江省工业旅游示范基地。尔后，"邵永丰"与衢州市各县市区40余家旅行社合作，将邵永丰麻饼制作基地作为衢州地区旅游项目之一，纳入旅行社旅游线路，成为文旅融合、非遗旅游的优秀实践案例。

2021年，邵永丰工业旅游基地接待团队体验团、群体团队、散客团游客共23801人次；水亭门非遗旅游接待中心接待体验团、参观团、考察团等游客共48195人次。两处总接待人数71996人次。

五、邵永丰麻饼制作技艺的有效保护

邵永丰麻饼制作技艺，通过制度性保护、记录性保护、生产性保护、展示性保护等方式，使之得到完整系统的有效保护。在保护工作中，邵永丰麻饼制作技艺得以创造性转化、创新性发展，使之融入人们的当代生活，推动中华优秀传统文化发扬光大。

五、邵永丰麻饼制作技艺的有效保护

邵永丰麻饼制作技艺的保护工作主要分为三个阶段：一是清光绪二十二年（1896）"邵永丰"品牌诞生以前，其麻饼制作技艺的保护处于自然状态。二是"邵永丰"品牌诞生以后至20世纪末。这一阶段，邵永丰麻饼制作技艺经历了重视保护—濒临失传—重新恢复的曲折过程。三是进入21世纪以后，特别是2005年以后，随着我国非物质文化遗产保护工程的深入实施，加上"邵永丰"经历体制改革的阵痛，邵永丰麻饼制作技艺的保护走上自觉的有意识的保护阶段，并取得突出成效。这一阶段，着重围绕创造性转化、创新性发展的总体要求，其保护措施及工作成效主要体现在以下几个方面：

［壹］制度性保护

浙江邵永丰成正食品有限公司作为该项技艺的责任保护单位，从2006年开始，就制定了项目保护方案，从保护工作指导思想、保护工作目标、保护工作内容、保护工作重点和保护工作措施等方面，确立方向，明确要求，落实任务，规定举措。同时建立项目保护工作班子，落实具体负责保护工作人员。在此基础上，制定了分年度保护工作计划，细化保护工作任务，细化保护实施措施。

徐成正技能大师工作室展示牌（柯志芬摄）

为了落实保护工作任务,浙江邵永丰成正食品有限公司专项落实每年保护所需经费,除建立博物馆、展示长廊、传承学校等较大项目支出外,确定每年用于日常保护的所需经费,列入公司年度开支计划。

在麻饼制作传统技艺传承上,建立传承人培养、培训、研学制度,省级代表性传承人工作室制度,传承人传承工作绩效考核和奖励制度,促进项目传统技艺的有效保护与传承。

此外,浙江邵永丰成正食品有限公司还坚持举办保护传承与发展座谈会、研讨会,进一步把握传承发展方向与路径。如2022年11月,邀请相关专家学者、行业协会负责人等,召开邵永丰麻饼制作技艺传承发展研讨会,针对企业发展现状及技艺传承,研讨对策,提出方案,推动发展。

[贰]记录性保护

浙江邵永丰成正食品有限公司成立以后,重视对"邵永丰"的历史与发展、邵永丰麻饼制作技艺的传承传播、相关媒体对"邵永丰"的报道等情况开展深入调查和挖掘工作，广泛搜集相关资料，抢救性拍摄纪录片，实施有效的记录性保护工作。至今，该公司拥有比较完整的邵永丰麻饼制作技艺相关文字、图片、实物等资料，建立了该项技艺资料库。这些资料包括与项目相关的图书、论文、视频、产品、工具等代表性资料和实物。其中，有《衢州府志》《衢州市志》《寄胡饼与杨万州》和《让衢州邵永丰香飘世界》（2009）、《从"邵永丰麻饼"谈中国传统饮食文化》（2009）等文献资料。还有《中华老字号邵永丰》（2009）、《邵永丰企业形象MV》（2013）等20多部视频短片，以及从区级到国家级非物质文化遗产代表性项目申报的全套文字资料和视频图片资料。

"邵永丰"收集和记录的相关资料（部分）（洪晓玲摄）

"邵永丰"员工在制作麻饼（沈尔坤摄）

繁忙的包装流水线（"邵永丰"提供）

尤其是近几年来，该公司在调查记录的基础上，充分利用和发挥这些记录成果的积极作用，通过设立宣传展示墙、食品包装盒和媒体、社交平台等多种途径，宣传传播"邵永丰"文化和麻饼制作技艺，既展示企业新形象，又成为教育员工的极好教材，促进企业提质增效。

[叁]生产性保护

这些年来，邵永丰麻饼制作技艺的保护，最主要的途径是通过不断扩大生产规模，开拓销售市场，在长年不断的生产实践中让其传统的核心技艺得到有效保护与传承。

"邵永丰"这个老字号品牌，经过百余年的风风雨雨，尤其是经过20世纪八九十年代市场经济的激烈洗礼，生产处于低潮后，于新世纪在新的掌门人徐成正带领员工的艰苦奋斗下，终于重新焕发出新的光彩，麻饼生产规模不断扩大，市场覆盖率快速提升。一方面不断壮大公司自身实力，生产规模化、标准化、系统化；另一方面，不断打开国内市

传承发展中的"邵永丰"（陈水鑫摄）

场，先后在深圳、上海、杭州、宁波等及衢州本地纷纷开出分公司及门店，各地的连锁加盟店逐步增加，从而促进麻饼生产量逐年递增，市场占有面逐步扩大。

2016年至2020年，邵永丰生产麻饼的年产量分别是1380万只、1490万只、1550万只、1595万只、1490万只。2021年，邵永丰麻饼生产继续保持前5年水平，年产量为1570万只，年产值近3800万元。

目前，邵永丰麻饼的市场覆盖，除了主要分布在浙江衢州市柯城区及周边龙游县、江山市、开化县等以外，延伸到杭州、宁波、温州、金华、舟山等11个地级市和相邻的江西省婺源县及中国台湾地区等。并随着浙江邵永丰成正食品有限公司的发展壮大，门店逐步增多，逐渐辐射到北

"邵永丰"衢州水亭门门店（胡春有摄）

京、上海、吉林等地。

邵永丰麻饼生产量持续保持高水平运作，既使麻饼制作技艺在生产实践中代代相传，又使企业保护和传承传统技艺的实力和后劲相应增强，如此产生良性循环。邵永丰麻饼制作技艺的有效保护与传承发展，受到央视、人民日报等主流媒体多次关注和报道。

近年来，邵永丰在扩大麻饼和其他传统食品生产的同时，为了确保选用的芝麻为绿色原料，满足产品绿色健康品质需要，企业走上了"公司+农户+基地"的发展之路，加强加快原料种植和原料加工基地建设，建成绿色无

顾客争相购买邵永丰麻饼（"邵永丰"提供）

水亭门门店内人头攒动（"邵永丰"提供）

岭洋乡芝麻种植基地（"邵永丰"提供）

公害芝麻种植基地，既确保原材料的纯正与地道，也带动当地数千农民就业致富，为促进乡村振兴做出贡献。

2008年，浙江邵永丰成正食品有限公司分别在衢州市衢江区岭洋乡、黄家乡、大洲镇、全旺镇等地建立芝麻种植示范基地。距衢州市区62公里的衢江区岭洋乡位于国家级乌溪江湿地公园内，海拔最高为1132米，水域面积19.3平方公里，山林总面积174926亩，湖光山影，密密树林，群山秀丽，鸟鸣茶妍，这里有着十分丰厚的自然资源，这里有着水

芝麻种植基地（"邵永丰"提供）

衢州廿里芝麻种植基地（"邵永丰"提供）

万田乡芝麻种植基地（"邵永丰"提供）

域、芦苇、森林等完整的湿地生态系统,这里就是"邵永丰"庞大的原材料芝麻的种植基地。仅岭洋乡就有芝麻种植地2500亩,年产芝麻量50余万斤,既能确保该公司一年的芝麻用量,也使这些地方的农户从此增加了收入,走上共同富裕之路。

2022年年初,浙江邵永丰成正食品有限公司为了扩大麻饼生产,又在衢州市柯城区万田乡谷塘村租用村集体流转土地,建立新的芝麻种植基地,以确保麻饼扩大生产所需。

除了开辟芝麻种植基地以外,该公司还采用"公司+基地+农户(农业合作社)"的形式,在无污染的生态环境中推广种植花生、糯米、大米、蔬菜等。目前,该公司在衢州拥有2700亩的农产品种植基地,通过示范效应和联合生产,每年能带动当地10万亩以上芝麻、花生、糯米等的种植,直接受益农户达12000余户。这些联合生产基地建成后,形成地方特色型农业产业,既有力保障了公司发展的原材料供应,同时又带动和促进了农业生产、农村经济发展。

[肆] 展示性保护

向社会展示项目的历史渊源、文化内涵、传统技艺的过程,既是普及非遗相关知识的过程,也是非遗项目传统技艺得以保护与弘扬的过程。2000年以来,浙江邵永丰成正食品有限公司为了扩大对外宣传,让更多的人了解胡麻饼的历史渊源和文化内涵,认知邵永丰麻饼制作工艺的独特性,通过设立邵永丰胡麻饼文化长廊、邵永丰麻饼手工技艺博物馆等，以及参加省区市等非物质文化遗产展示活动，在全面展示邵永丰麻饼的历史、邵永丰麻饼制作技艺的过程中，使邵永丰麻饼制作技艺和邵永丰麻饼文化得到有效保护和发扬光大。

1.麻饼文化展示载体

邵永丰胡麻饼文化艺术长廊。浙江邵永丰成正食品有限公司利用该公司连片的白墙壁，以连环画形式，设立了一条长达二百余米的胡麻饼文化艺术展示长廊。这条壁画式的文化艺术长廊，所绘制的一幅幅图画，有描绘从古代面饼到唐代胡麻饼的发展演变过程，有古代帝王和文人与胡麻饼的故事，有胡麻饼制作中的独特技艺等。整个文化艺术长廊图文并茂，生动有趣，直观易懂，让人们在浏览中增长对中华传统文化的认知，并受到麻饼文化的熏陶，以及对邵永丰麻饼制作技艺历史渊源的了解。

邵永丰胡麻饼文化艺术长廊（胡江丰摄）

麻饼制作技艺画（"邵永丰"提供）

邵永丰麻饼制作博物馆（局部）（胡江丰摄）　麻饼制作博物馆外廊（胡江丰摄）

博物馆内采用一组组泥塑造像，生动有趣　博物馆展示中秋节麻饼祭月场景（胡春有摄）
（胡春有摄）

博物馆展示节日舞龙灯吃麻饼场景（胡春有摄）

邵永丰麻饼手工技艺博物馆。2007年6月9日，经过多年筹备的邵永丰麻饼手工技艺博物馆在衢州市区上营街34号开馆。该博物馆拥有1000多平方米面积，并与300余平方米面积的麻饼制作工场和研学基地相衔接，形成景观、实物和图文展示与现场制作相得益彰的展陈效果。尤其是馆内采用泥塑造型的手法，以上千个栩栩如生的泥塑人物和时空场景，主要展示农耕文明时期人们的生产生活方式和胡（麻）饼的发展历程，展示"邵永丰"品牌的诞生和手工麻饼制作的上百道工艺流程，以及人生礼仪、传统节庆、生活习俗中邵永丰麻饼的民俗意义等内容。2014年，该馆移至万田乡公司生产基地，展示面积扩大。

博物馆展示中的每个环节的内容都以场景式呈现，尤其是栩栩如生的一组组动人的泥塑人物，既真实又夸张，使人有亲临其景的感受，并让人在轻松快乐中领略"邵永丰"的艰苦创业史和麻饼制作的复杂工艺及麻饼承载的丰富人文价值。

博物馆内陈列的"邵永丰"老物件（胡春有摄）

馆内除了泥塑人物和文字介绍外，还收藏了200余件相关实物，有农耕器具、邵永丰麻饼制作器具和传统糕点制作器具等，如和面缸、搓馅缸、存放柜、百叠灶、鏊盆、鏊盖、吊环等。特别是"邵永丰"的历史性招牌、大铁锅、大水缸等实物，体现了"邵永丰"深厚的历史底蕴和麻饼制作的生动故事。

邵永丰麻饼制作技艺连环画。以连环画形式将麻饼制作整套工艺流程进行宣传展示。百余幅采用白描手法的麻饼制作工艺制作画，形象生动，图文并茂，通俗易懂，既使工艺流程通过绘画形式予以记录，又成为人们喜闻乐见的普及型读物，有效弘扬了中华优秀传统文化。

2.参加各种公益性展示活动

2005年我国非物质文化遗产保护工程实施以来，"邵永丰"积极参与全国和省区市各种非物质文化遗产大型展示展演活动，特别是多次参加中国（浙江）非物质文化遗产博览会和浙江省非物质文化遗产节的相关展示，让"邵永丰"及其麻饼走出衢州，走向北京、上海、西安、大连、安徽、台湾、澳门等地，甚至走出国门，赴韩国、日本等，赢回不少荣誉。如2012年4月，浙江省与日本静冈县结为友好城市30周年庆祝活动在静冈县举行，作为随行的浙江省商务代表团的成员，衢州"邵永丰"掌门人徐成正带着助手和制作麻饼的设备赴日本，为静冈市民一展麻饼制作技艺。当天，受飘香的麻饼吸引，买麻饼的静冈市民排起了长队。在静冈的两天展销期间，共销售4000多只麻饼，销售额超过20万日元。

据统计，2018年至2022年12月，邵永丰麻饼制作技艺项目参加全国性展示活动8次，省级文化交流和展览展示活动13次，其他展览活动18次。

参加全国性展会：

2019年7月，参加在北京举行的"北京世界园艺博览会"衢州城市主题日·非物质文化遗产宣传展示活动。

2019年12月，参加在北京举行的中国二十四节气文化艺术展示展演活动。

2020年9月23日至25日，参加在北京海淀颐和园举行

2008年徐成正参加成都国际非物质文化遗产博览会与专家合影（"邵永丰"提供）

2019年参加北京二十四节气相关民俗展示（"邵永丰"提供）

邵永丰麻饼参加2019年世博园衢州主题周展示（"邵永丰"提供）

参观者品尝邵永丰麻饼（"邵永丰"提供）

2022年8月，参加文化和旅游部在新疆举办的全国援疆省市联合非遗展（"邵永丰"提供）

在新疆展示邵永丰麻饼制作技艺（柯志芬摄）

的诗画浙江文旅周（杭州日）暨2020浙江（北京）旅游交易会，其间进行麻饼制作技艺展示活动。

2020年11月5日至10日，参加在上海举行的中国国际进口博览会，展示邵永丰麻饼制作技艺。

2021年9月25日至27日，参加在义乌举办的第十六届中国义乌文化和旅游产品交易博览会，单独设立展位，开展邵永丰麻饼制作技艺和邵永丰麻饼展示展销活动。

2022年7月31日至8月10日，赴新疆乌鲁木齐，参加由文化和旅游部主办的2022"新疆是个好地方"文化的瑰宝、人民的非遗对口援疆19省市非物质文化遗产展。

2022年12月，赴浙江台州参加央视《非遗里的中国》栏目拍摄展示，展示了飞饼上麻绝技表演。

参加省外展会、推介会:

2018年10月，参加在台湾举行的第十二届中国·浙江文化节非物质文化遗产传统手工技艺展示活动。

2019年5月，参加在上海举办的"打响上海购物品牌，重振老字号"（金山专场）推介会暨长三角老字号品牌展演活动。

2019年6月，参加在西安举办的"当衢州遇上西安·南孔圣地衢州有礼"城市品牌和旅游推介会，举行衢州特产邵永丰麻饼制

在新疆展览期间，文化和旅游部领导观看邵永丰麻饼制作技艺展示（"邵永丰"提供）

参加上海江南小吃节展示（吴建明摄）

邵永丰麻饼制作绝技表演受到参观者称赞（"邵永丰"提供）

作技艺展示。

2019年8月，参加在大连举办的"美味衢州，礼遇大连"南孔圣地衢州有礼城市品牌和旅游推介会，进行邵永丰麻饼制作技艺展示。

2019年10月，应邀参加在安徽合肥举办的中国安徽名优产品暨农业产业化交易会，邵永丰麻饼在名优特农产品展览馆设台展示。参会的农业农村部副部长余欣荣巡馆时，驻足邵永丰麻饼展台，兴趣盎然地观看麻饼飞饼上麻等绝技表演，高度赞扬浙江衢州非物质文化遗产发掘弘扬工作有成效，并强调，中国传统文化，特别是乡村文化是我们的瑰宝，一定要发扬光大，结合当地特色产业，深挖掘，做文章，做强做大非遗经济。

2019年12月，参加在上海举办的浙江（上海）名特优新农产品展销会，"邵永丰"专门设台展示。

2019年12月，参加在上海举办的"三衢大地三衢味"上海推介会，"邵永丰"在推介会上举行"邵永丰麻饼真有味"品牌展示推介活动。

2020年8月21日，参加在湖南长沙举办的"湘映成衢 礼遇星城·南孔圣地 衢州有礼"城市品牌推介会，邵永丰麻饼作为衢州地方食品品牌在推介会期间进行展销活动。

2020年9月11日，参加在上海举办的江南吃货节暨衢州非遗购物节活动，邵永丰麻饼作为衢州重要特色食品进行展销和制作

技艺展示。

2020年11月20日，参加在上海举办的第三届长三角国际文博会，邵永丰麻饼在文博会上展销。

2021年4月2日，参加在山东举办的"泗浙同源 礼遇泉城·衢州有礼 好客山东"衢州特色产品推介活动，邵永丰麻饼制作技艺在山东进行展示。

2021年10月19日至21日，参加在重庆举办的"衢州有礼 渝我同行"2021衢州文旅（重庆）推介会，"邵永丰"作为文化旅游基地在推介会上进行了麻饼制作技艺展示。

2021年10月21日至23日，参加在湖北武汉举办的"南孔圣地 礼遇武汉"2021衢州文旅（武汉）推介会，邵永丰麻饼制作技艺在推介活动期间进行展示。

2022年9月9日，参加在苏州举行的第五届大运河城市非遗展。

参加省内展会：

2017年5月，参加杭州市拱墅区在半山举办的"半山立夏习俗"展示活动，进行邵永丰麻饼制作技艺展示和麻饼展销活动。

2018年11月，参加在杭

2022年参加在杭州举办的鲜辣衢州展（"邵永丰"提供）

州举办的浙江省农业博览会。博览会期间，时任省长袁家军参观展览，对邵永丰麻饼制作技艺予以点赞。

向国外参观者展示麻饼制作技艺（柯志芬摄）

2018年12月，参加在绍兴举办的柯桥非遗嘉年华活动，进行邵永丰麻饼制作技艺展示。

2019年3月，参加在温州举办的2019老字号非遗品牌展示活动，"邵永丰"作为中华老字号，进行麻饼制作技艺展示。

2019年5月，参加在杭州举办的"知味杭州"亚洲美食节展览展示活动。

2019年7月，参加在杭州举办的"衢州有礼 棋妙柯城"2019柯城文化旅游（余杭）推介会，邵永丰麻饼制作技艺做展示表演。

文化和旅游部非遗司、省文化和旅游厅领导观看邵永丰麻饼制作技艺展示（"邵永丰"提供）

2020年6月13日，参加2020年"文化和自然遗产日"衢州市柯城区非遗宣传展示系列活动，进行麻饼制

作技艺展示。

2020年6月28日，参加在杭州举办的浙江传统美食展评活动，并获得省文化和旅游厅颁发的"非遗薪传"奖。

2020年7月至9月，分别参加衢州市"南孔圣地 衢州有礼"城市品牌推介会、"山水衢州 礼遇宁波——南孔圣地 衢州有礼"宁波城市品牌和旅游推介会、衢宁铁路开通暨"衢州有礼"号旅游专列首发仪式活动，展示邵永丰麻饼制作技艺和邵永丰麻饼。

2020年10月6日，参加衢州市2020年"非遗进军营"双拥共建非遗展示展演活动。

2021年1月7日，参加在衢州举办的"礼尚非遗 共创未来"四省边际城市非遗文创沙龙活动。

2021年5月23日，参加衢州市柯城区"品舌尖精华 悟非遗文

"邵永丰"员工向参观者展示麻饼上麻技艺（"邵永丰"提供）

化"2021年柯城"文化和自然遗产日"系列活动,展示邵永丰麻饼制作技艺。

2021年9月25日至28日,参加在嘉兴南湖举办的"庆丰收 感党恩"2021年中国农民丰收节展示活动。

2022年6月11日,邵永丰麻饼制作技艺项目参加在衢州举办的2022年"文化和自然遗产日"浙江省主场城市(柯城)系列活动。

2022年7月30日,参加在杭州举办的"鲜辣衢州,共富@未来"三衢味杭州亚运会、亚残会非遗系列产品展示展销活动。

2023年1月5日,参加在嘉兴海盐县沈荡镇永庆村文化礼堂举办的2023浙江农村文化礼堂"我们的村晚"省主场活动,徐成正和柯志增展示麻饼上麻绝技绝活,尤其表演的由麻饼组成的"村晚"两字飞饼绝技,得到观众热烈赞扬。

邵永丰麻饼制作技艺传承人参加2023浙江省"我们的村晚"表演("邵永丰"提供)

附录

[壹] 白居易与衢州麻饼的传说

唐贞元四年 (788)，白季庚任衢州别驾，其子白居易时值17岁，随父居衢州。有一天，白居易独自漫步古城青石板小路寻景作诗，路过当时的衢州府西古城门时，闻到一阵随风飘来的麻香。白居易随香寻找，发现一古老小屋门前，有一老伯正俯身在烤炉边取出刚烤好出炉的面呈金黄色的小圆饼，禁不住香袭，食欲大开，便买一饼品尝。白居易边吃边问老伯："此为何饼，这般好吃？"老伯说："这叫胡麻饼。"白居易又问："饼内放的是什么馅料，如此香口诱人。"老伯说："是上辈人从京都学来的，用芝麻、胡桃仁为辅料制作的胡麻饼，通过一代代人的相传，内用芝麻馅料，饼外也用芝麻，内外结合，使饼更香脆可口，此饼是当地的特产名点呢！"此后，白居易便常光顾老伯的胡麻饼店。有一天，白居易将胡麻饼寄给了任万州（今重庆市万州区）刺史的好友杨归厚，并附诗一首："胡麻饼样学京都，面脆油香新出炉。寄与饥馋杨大使，尝看得似辅兴无。"这首诗道出了麻饼的诱人之处，随后麻饼同诗一起流传至今。

[贰]"邵永丰"获得的相关荣誉称号

2003年获浙江省消费者公认诚信示范单位

2006年获商务部"中华老字号"称号

2006年获浙江省守合同重信用AAA级单位

2006年获浙江省市场最具活力"老字号"金牌企业称号

2007年获浙江省旅游金名片称号

2007年获浙江省农业博览会金奖

2008年邵永丰麻饼获"中国名饼"称号

2008年获中华烘焙"老字号"称号

2008年"邵永丰"被评为浙江省著名商标

2008年被认定为浙江省非物质文化遗产传承基地

2009年获中国改革开放三十年中华老字号传承创新优秀企业称号

2010年被评为浙江省农业龙头骨干企业

2010年"邵永丰"被评为浙江省知名商号

2010年邵永丰麻饼被评定为浙江首选旅游特产

2011年获浙江省农业龙头扶贫企业称号

2011年被评为浙江省"十一五"浙江省商贸百强企业

2012年获浙江省食品行业十佳优秀企业称号

2012年邵永丰麻饼被评为浙江省衢州最佳城市礼(名)品

2012年被命名为浙江省非物质文化遗产宣传展示基地

2012年被命名为浙江省非物质文化遗产中华老字号保护传承基地

2018年邵永丰麻饼被评为浙江省十大农家特色小吃

2019年被命名为浙江省中小学生研学实践教育基地

2019年邵永丰麻饼被命名为"国饼经典"

2019年邵永丰麻饼被评为第一批浙江省优秀非遗旅游商品

2020年邵永丰浙式月饼被命名为"中华好月饼"

2020年"邵永丰"被命名为"金牌老字号"

2020年获浙江省"非遗薪传奖"

2020年邵永丰麻饼被评为第二批浙江省优秀非遗旅游商品

2021年被命名为浙江省职业技能试点单位

2021年被命名为浙江省技能大师工作室

2021年被命名为浙江省工业旅游示范基地

2021年邵永丰麻饼被评为浙江双十佳爆款文创产品和旅游商品

2022年被评为浙江省文化和旅游领域新锐企业

2022年被认定为浙江省非遗工坊创建单位

[叁]有关"邵永丰"的媒体报道

(1)报纸、网络宣传报道

2006-6-26　浙江日报《捍卫"老字号"谱写新篇章》

2006-6-30　浙江日报《"百年老字号"今朝谁领风骚》

2006-9-15　　浙江日报《浙江市场最具有活力"老字号"金牌企业》

2006-12-30　衢州日报《百年老店"邵永丰"再次得牌》

2007-6-10　　衢州日报《邵永丰麻饼手工艺技艺博物馆开馆》

2007-7-9　　中国经济时报《传承"老字号"》

2007-8-15　　浙江日报《浙江旅游金名片"邵永丰麻饼"》

2008-3-14　　新民晚报《"古董级"小吃豫园打擂台》

2008-3-20　　新民晚报《让中华小吃香飘2010上海世博会》

2008-10-4　　南湖日报《抛饼绝技让人看傻了眼》

2009-3-2　　衢州日报《徐成正：做大做香　一只"有文化的饼"》

2009-4-25　　两岸新闻《中华老字号世代传承有名堂》

2009-6-8　　成都商报《暑热下　非遗公园人气旺》

2009-8-12　　商务部网《浙江"老字号"亮相台北后传来好消息——衢州"邵永丰"麻饼到台湾》

2010-6-11　　钱江晚报《首批6家浙企昨落户宝岛》

2010-6-11　　钱江晚报《衢州胡麻饼香飘台湾　浙商赴台投资打响头炮》

2010-6-16　　台湾经济日报《浙江饼店　飘香京华城》

2010-6-16　　浙江日报《衢州麻饼飘香台北》

2010-6-20　　浙江日报《把握世博机会 促进浙江旅游》

2010-6-24　　浙江日报《浙江"世博之旅"三大榜单隆重
　　　　　　　揭晓》

2010-11-3　　都市快报《衢州胡麻饼在台北每天卖2000多个》

2010-12-11　山西青年报《拓市场 助对接 促消费》

2011-5-27　　衢州日报《衢州"老字号"转型之路怎么走》

2011-6-12　　南京日报《苏浙皖名优农产品展示推介会》

2012-1-11　　中国工商报《实施商标战略 打造驰名品牌》

2012-2-17　　浙江日报《老字号魂系何处?——衢州"邵永丰"
　　　　　　　的重振故事》

2012-2-26　　衢州日报《小小芝麻饼 成就大事业——访市政协
　　　　　　　委员、邵永丰成正食品厂董事长徐成正》

2012-3-19　　新民晚报《百多款各地特色小吃亮相豫园,多种
　　　　　　　"非遗"厨艺现场展示——炭烧饼喷香 豆腐脑鲜
　　　　　　　美》

2012-3-28　　中国工商报《实施商标战略打造驰名品牌》

2012-4-6　　浙江日报《我省在静冈举行旅游推介会和经贸
　　　　　　　洽谈》

2012-4-9　　浙江日报《烹制茶饼》

2012-4-11　　衢州日报《"邵永丰"麻饼香飘日本》

2012-5-30 中国旅游报《诗画浙江 引领潮流促发展 再创佳绩攀新高》

2012-5-31 江南游报《第四届国际旅游商品博览会》

2012-7-30 品质周刊《百年品牌"邵永丰"靠品质走出国门》

2012-9-10 枣庄晚报《舌尖上的"非遗"》

2013-1-30 新京报《在四省交界处糅合年的味道》

2013-9-19 央视网《衢式月饼：芝麻香里的月饼》

2014-1-28 浙江日报《改良吊烤炉，坚持手工工艺操作，衢州麻饼老味道做出新风味》

2014-11-10 人民日报《面食文化节上海开幕"面面俱到"》

2014-11-11 环球时报《芝麻开门》

2015-11-15 东南商报《邵永丰麻饼——食博会上老字号受欢迎》

2016-11-17 环球时报《衢州心途：水亲镇宁容四方》

2017-10-13 长江日报《长江非遗大展一个饼玩出多种样，生生看饿了》

2017-11-20 衢州日报《衢州"老字号"历经困境，仍难以远行，拿什么擦亮我们的金字招牌？》

2018-9-17 钱江晚报《徐成正——邵永丰麻饼——一手绝活飞饼舞银光》

2018-11-23　钱江晚报《省农博会农家小吃一条街 谜一样的衢州麻饼》

2019-9-14　浙江日报《十五的月亮十六圆! 盘点月光下的衢州民俗》

2020-7-24　大学生网报《"邵永丰"胡麻饼的百年生机——赴衢州地区"以法之器, 赋能非遗"实践团》

2020-8-28　浙江工人日报《非遗女传承人夜市秀绝技》

2020-12-23　潇湘晨报《第五批国家级非遗项目公示》

2022-1-7　人民资讯(文旅中国)《百城百艺 非遗名录邵永丰麻饼以双面上麻白炭炉烘烤而闻名》

2022-1-10　浙江在线《家乡美之美食"邵永丰"麻饼》

2022-1-28　衢州日报《传承手艺 带动共同富裕》

2022-1-30　潇湘晨报《麻饼香、酥食甜, 尝上一口好过年》

2022-6-10　文汇报《在衢州, 绽放非遗迷人光彩》

2022-6-12　天目新闻《国家级非遗邵永丰麻饼 吸引游客带动致富》

2022-6-15　中国网《"东南阙里 宋韵儒风"衢州非遗之路——邵永丰麻饼》

2022-7-5　网易浙江《衢州这些非遗美食, 在省城又"火"了一把》

2022-7-7　江南游报《衢州好味道 非遗看浙里》

2022-7-17　钱江晚报《衢州探寻"浙里"非遗,领略斑斓文化》

2022-11-7　衢州日报《师徒三代接力五届"进博会"》

2023-1-6　浙江日报头版《烹一道冒"锅气"的文化大餐》

2023-2-6　中共中央宣传部"学习强国"学习平台《文化高地
　　　　　|衢州这些节目亮相2023浙江省"我们的村晚"》

2023-2-7　天目新闻《"我们的村晚"今晚播出 小村民为何能
　　　　　登大舞台?》

2023-2-7　浙江电视新闻频道《热闹喜庆接地气! 浙江人盼了
　　　　　一年,它终于来了!》

2023-2-8　中国青年报《农民渔民果农当主角 "浙""村晚"
　　　　　用什么打动人》

2023-2-8　浙江日报《"我们的村晚"元宵上演:烹一道冒"锅
　　　　　气"的文化大餐》

2023-2-8　美丽浙江《高手在村里,非遗传承人用胡麻饼,在
　　　　　空中抛出"村晚"两字》

2023-2-9　人民日报《行走在非遗风景里——浙江省衢州市
　　　　　非遗年俗采风见闻》

2023-2-9　中共中央宣传部"学习强国"学习平台《行走在非
　　　　　遗风景里——浙江省衢州市非遗年俗采风见闻》

2023-2-9　中国旅游报 《行走在非遗风景里——浙江省衢州市非遗年俗采风见闻》

（2）电视台报道

标　题	电视台及栏目	报道时间
技艺盛典	CCTV-13 共同关注	2009-2
小麻饼大门道	CCTV-13 朝闻天下	2009-2
小麻饼大内涵	CCTV-2 消费主张	2012-4
北纬30℃中国行	CCTV-1 远方的家	2012-7
舌尖上的中秋	CCTV-13 新闻	2013-9
浙西明珠　秀美柯城	CCTV-7 美丽中国行	2015-4
超级（馍法）	CCTV-13 科教 文明密码	2015-8
社区好味道	CCTV-12 社会与法	2015-12
传奇故事"非遗麻饼"保卫战	江西卫视	2016-6
麻饼保卫战	CCTV-1今日说法	
小小麻饼也能练就武林秘籍	吉林卫视-高手在民间	2017-11
邵永丰麻饼不为人知的故事，你吃过了吗？	浙江卫视6频道1818黄金眼	2018-6
餐桌上的节日	CCTV-9	2018-9
中秋晚会	CCTV-3综艺	2018-9
家乡饼故乡情——会飞的月饼	CCTV-1综合	2019-9
食为天——讲好浙江老字号故事	腾讯视频	2019-10
约会非遗	浙江中国蓝	2021-6
下饭江湖	爱奇艺	2021-7
《非遗里的中国》	CCTV-1	2023-1
《我们的村晚》	浙江新闻频道首播	2023-2
《我们的村晚》	浙江教科影视频道	2023-2
《我们的村晚》	浙江卫视	2023-2

主要参考文献

[1] 衢州市志编纂委员会.衢州市志 [M].杭州：浙江人民出版社，1994.

[2] 赵荣光.中国饮食文化史 [M].上海：上海人民出版社，2014.

[3] 全国工商联烘焙业公会组织编.中华烘焙食品大辞典（产品及工艺分册）[M].北京：中国轻工业出版社，2009.

[4] 许林田.钱塘游笔 [M].北京：大众文艺出版社，2009.

[5] 戎彦.浙江老字号 [M].杭州：浙江大学出版社，2011.

[6] 吴星辉.衢州"老字号"历史文化传承与发展策略研究 [J].美术大观，2013（6）.

后记

　　我开始知道邵永丰麻饼,是在我国新时期非物质文化遗产保护工程启动不久的2006年。那时,我在省文化厅(今文化和旅游厅)非物质文化遗产保护办公室工作。衢州市邵永丰成正食品厂的厂长徐成正,是属于对非物质文化遗产保护非常热心并积极投入的社会人士之一,他经常从衢州赶来杭州,和我们一起探讨传统麻饼制作技艺的保护与传承,同时也带来他们手工制作的麻饼。经过双面上麻、吊炉炭火烘烤的"白边红心"麻饼,的确是别有一番滋味,香气特别的醇厚。从此,我对邵永丰麻饼留下了深刻的印象。

　　无独有偶,2019年的年底,邵永丰麻饼制作技艺项目申报第五批国家级非物质文化遗产代表性项目名录。这天,已是浙江邵永丰成正食品有限公司董事长的徐成正,带了两名助手,特地从衢州赶到杭州临平,要我对项目申报书作修改提炼。为此,我对邵永丰麻饼的历史渊源、制作技艺、工艺特征、传承发展情况作了认真的梳理和归纳。从而也让我对邵永丰麻饼由味觉感知上升到了对其独特制作技艺和文化内涵的理性认识,从物质性感受转化为非物质性的认知。

　　令人欣慰的是，2021年，邵永丰麻饼制作技艺被成功列入第五批国家级非物质文化遗产代表性项目名录扩展项目名录。

　　到了2022年的年初，正当"浙江省非物质文化遗产代表作丛书"第五批国遗项目编纂出版工作进入紧锣密鼓时，接到徐成正董事长打来的电话，说要我参与该丛书之《邵永丰麻饼制作技艺》这部专著的编写工作。然后就把已有的初稿发给了我，还指定他们公司的柯志芬同志配合我做好书稿修改整理和图片收集选用等工作。

　　接受任务后，我心里还是比较忐忑。因为要完成这部专著，不仅在体例上要符合这套丛书的规范要求，而且在内容上必须对该项目有全面准确的把握，并对这些资料作合理的安排。而我毕竟对邵永丰麻饼的历史渊源、制作技艺的整套工艺流程等，还没有完全详细的了解和深入的掌握。

　　经过一段时间的资料查阅，接着就对这部书稿的结构及章节作了多次的调整设计，对章名、节名反复推敲斟酌，直至较为合理。俗话说，纲举目张。纲目有了后，思路就比较清晰了。

在书稿的修改撰写中，对原稿作了较大的调整和增删，突出了衢州麻饼乃是古丝绸之路胡饼的延续与发展，突出了"邵永丰"这个百年品牌的传承历史，突出了21世纪后"邵永丰"跌宕起伏的经历以及徐成正在危难中扛起这面品牌大旗的勇气和胆识，突出了邵永丰麻饼制作工艺流程和绝技绝活，突出了邵永丰麻饼制作技艺在当代的传承发展。

通过对该书的编写，让我深深感受到：一只小小的麻饼，却蕴含着一代代匠人的智慧和创造，蕴含着匠人对传统技艺的坚守与创新，蕴含着丰富的民俗文化内涵，是人们企盼团圆吉祥、美好生活的象征。其独特的制作技艺，是一份宝贵的精神财富，体现了中华优秀传统文化的无穷魅力！

众人拾柴火焰高。这部专著的成书，是多人集体劳动的结晶。作者之一的徐成正，虽身为董事长，企业生产经营千头万绪，但对此仍倾注许多心力。他不仅对整部书稿的纲目结构进行认真修订，对书稿文字表述作多处订正，而且花了大量精力和时间，对邵永丰麻饼制作的整套工艺流程百余道工序进行一一梳理，形成文字，成为该书的核心内容之一。郑建文书记百忙中抽出时间，为该书提供了部分文字资料。余仁洪老师对该书的编著出版给予了热情的指导和诸多的支持。柯志芬同志为书稿撰写收集提供了大量文字资料，尤其是不厌其烦地整理提供了上千幅相关图片，还做好与出版社、摄影师及其他相关人员的沟通工作。书稿第一稿的撰写者在资料收集、整理上费了颇多的心思。还有许多的图片拍摄者为该书提供了大量的图片资料。对这些知名的和不知名的同志，在此一并表示衷心感谢。

限于我们的视野、学识、水平，本书定有不尽之处甚至不当之处，敬请读者、方家批评指正。

编著者

2023年1月

图书在版编目（CIP）数据

邵永丰麻饼制作技艺 / 徐成正，陈顺水编著 . -- 杭
州 : 浙江古籍出版社 , 2024.5
（浙江省非物质文化遗产代表作丛书 / 陈广胜总主编）
ISBN 978-7-5540-2537-6

Ⅰ . ①邵… Ⅱ . ①徐… ②陈… Ⅲ . ①面点—制作 Ⅳ .
① TS972.116

中国国家版本馆 CIP 数据核字（2023）第 049230 号

邵永丰麻饼制作技艺

徐成正　陈顺水　编著

出版发行	浙江古籍出版社
	（杭州市环城北路177号　电话：0571-85068292）
责任编辑	姚　露
责任校对	张顺洁
责任印务	楼浩凯
设计制作	浙江新华图文制作有限公司
印　　刷	浙江新华印刷技术有限公司
开　　本	960mm×1270mm 1/32
印　　张	5.375
字　　数	100千字
版　　次	2024 年 5 月第 1 版
印　　次	2024 年 5 月第 1 次印刷
书　　号	ISBN 978-7-5540-2537-6
定　　价	68.00 元